多元共治环境治理体系下公众参与权研究

胡 乙／著

吉林大学出版社

·长春·

图书在版编目（CIP）数据

多元共治环境治理体系下公众参与权研究 / 胡乙著. --
长春：吉林大学出版社, 2021.8
ISBN 978-7-5692-8370-9

Ⅰ.①多… Ⅱ.①胡… Ⅲ.①公民—参与管理—环境
综合整治—研究 Ⅳ.①X32

中国版本图书馆CIP数据核字(2021)第105654号

书　　名：多元共治环境治理体系下公众参与权研究
　　　　　DUOYUAN GONGZHI HUANJING ZHILI TIXI XIA GONGZHONG CANYUQUAN YANJIU

作　　者：胡 乙 著
策划编辑：黄国彬
责任编辑：王 蕾
责任校对：宋睿文
装帧设计：刘 丹
出版发行：吉林大学出版社
社　　址：长春市人民大街4059号
邮政编码：130021
发行电话：0431-89580028/29/21
网　　址：http://www.jlup.com.cn
电子邮箱：jdcbs@jlu.edu.cn
印　　刷：天津和萱印刷有限公司
开　　本：787mm×1092mm 　 1/16
印　　张：13
字　　数：200千字
版　　次：2021年8月 　第1版
印　　次：2021年8月 　第1次
书　　号：ISBN 978-7-5692-8370-9
定　　价：68.00元

前　言

随着我国经济发展进入新常态，在绿色发展理念引领下，我国生态文明建设也随之进入一个全新的历史时期。契合时代发展的特点，环境治理体系也得到了转型升级，由传统的政府单维管制向多元共治的环境治理体系转型。在此背景下，公众以治理主体身份参与环境治理既顺应了环境法治的需求，也符合时代发展的特点。

2015年实施的《环境保护法》首次从基本法层面明确赋予了公众参与环境事务的权利，公众参与权从应然状态迈向权利法定。但是，从法律的实际运行情况看，公众参与并未真正发挥实效，以公众参与推动政府依法治理环境，提升政府环境治理效率的立法预期并没有实现。虽然学界从不同侧面对产生此种困局的原因进行了分析，但是探讨多是基于管理学、社会学或政治学方向，法学界对于公众参与的研究多集中于公众参与原则、公众参与途径及公众参与法律制度完善等方面；而对于基于公众参与的权利属性，以政府、企业作为公众参与权的对应义务主体，从权利义务的对向性出发，突破传统环境治理模式对公众参与权的束缚，将公众参与权的实现纳入到多元共治环境治理体系整体框架的分析论证，在环境法领域并不多见。

从分析公众参与权的理论证成与实践基础入手，进而按照对于权利的分析进路，分别对公众参与权的主体、内容、权利的行使至最终权利的实现进行深入分析和论证，这是本文的基本脉络。

在公众参与权的基础理论方面。从法理角度分析了公众参与权的权利属性与法律价值，即公众参与权具有以维护环境公共利益为目的的公法权利属性和作为程序性权利的基本权利属性，它彰显法的公平与正义价值，保障环境治理中自由与秩序的实现。从法学与相关学科领域，介绍了公众参与权的理论依据，并从政府职能、公众环境意识与环保社会组织三个方面，分析了公众参与权的社会基础。

在公众参与权的主体方面。党的十九大顺应时代发展需要，从顶层的环境政策中提出构建政府为主导、企业为主体、社会组织和公众共同参与的环境治理体系。公众参与的主体身份不再虚化，既是公众参与权的权利主体，同时也是环境治理主体，实质是以环境治理主体身份参与环境治理，以实现公众参与权。公众参与环境治理不再形式化，借助多元共治的环境治理体系，公众可以有效参与环境治理整体运行过程，切实保障公众参与权的实现。政府和企业既是公众参与权的对应义务主体，应履行为保障公众参与权实现的相应义务，又在多元共治中，有其独立的角色定位与作用。所以对政府和企业的不同角色进行识别，分别对应不同的功能设定，才能真正发挥各个主体在多元环境治理体系中的作用，真正形成生态文明法治建设的合力。

在公众参与权的内容方面。知情权是前提，没有知情权，环境决策参与权、表达权和监督权就缺少了依据；环境决策参与权是关键，缺少环境决策参与权，知情权、表达权和监督权将无从谈起；表达权是核心，缺少表达的参与形同虚设；监督权是保障，没有监督的表达和参与将事倍功半。因此，环境知情权、环境决策参与权、表达权和监督权共同构成公众参与权的权利内容，共同支撑公众参与的整体运行。

在公众参与权的权利行使方面。任何权利的行使过程都不是一帆风顺的，公众参与权在行使过程中会遭遇阻力，分析公众参与权的权利受阻情况，尤其是对产生此种情况的背后原因进行深入解读，将对后续探讨如何全面促进公众参与权的实现做好铺垫。

在公众参与权的权利实现方面。多元共治视域下，多元主体共同参与环境治理，打造多元共治的环境治理体系，在这个体系中，政府、企业与社会作为主要的三种力量，理应形成环境共治的合力。以主体为维度，分别从各个主体角度出发，探讨如何促进公众参与权的实现，最终如何以合力的形式共同助力公众参与环境治理，是本文主要要解决的问题。当然，任何权利的实现，都离不开正当程序的保障，笔者亦从程序正当的角度为公众参与权的实现提出了程序性建议。

　　总之，多元共治环境治理体系的提出，突破了传统环境治理模式的桎梏，通过多元主体间的沟通、协商机制，促进多元主体间的对话与合作。在此背景下，公众以更为有效的方式实质性地参与到环境治理过程中。对公众参与权的研究，必须结合时代特征，才能真正实现环境善治。

目　录

绪　论

中国经济高速发展的背后，是巨大的能源消耗和严重的环境污染。当环境污染的严重程度影响人们的正常生活及人身健康时，公众的环境意识开始觉醒。基于环境的公共产品属性，任何人均享有在清洁干净的环境中生活的权利，公众具有为维护自身环境利益而参与环境治理的内在需求与动力。公众参与的张力强烈要求打破传统"自上而下"的政府命令控制的环境治理模式，以公众参与权为基础，打造政府、企业和公众三方共治的环境治理格局。让公众以环境治理主体身份分享政府对于环境事务的处分等相关权限，由被动的公众向积极主动的公众转变；政府通过职能转变，不再事无巨细地进行公共事务的管理，而是以监管者、多元利益协调者和服务者的身份参与环境治理，让渡权利，为公众参与环境治理提供便利，保护公众利益，满足公众需求；企业以绿色发展理念为指导，革新现有生产技术，实现绿色生产。公众的高度参与是一个国家活力的体现，公众的有效参与能够化解政府信任危机，提升政府行政效率，促进政府依法行政，公众的有效参与也能够监督企业绿色生产，防治污染。以公众参与权利为核心，实现公众参与由形式参与向实质参与，最终达到科学参与的转变。从三方主体的不同角色定位进行制度设计，力图为环境三方共治提供理论基础，为美丽中国建设提供实践方案。

一、选题的背景和意义

（一）选题的背景

1. 公共事务治理之道的演进

社会公共事务的治理模式，与社会的政治制度、经济体制、社会结构及文化观念等密切相关。不同的政治、经济制度下，实施的是不同的公共事务治理模式。

首先，人类进入农业社会后，受制于自给自足的自然经济这一农业社会生产特点，农民这一社会组织成员，拥有数量上的绝对优势，但却相对分散，囿于自然经济的封闭性特点，农民之间无法形成生产和经营上的相互流通与交往，他们彼此隔离，各自局限于本地狭小的空间范围，更不存在形成任何一种政治组织的可能。统治型社会治理模式应势而生。此种治理模式源于农业社会中，国家和社会尚未完全分离，公共领域与私人领域也未分化。

统治型治理模式中，权力掌握在统治阶级手中，占人口绝大多数的农民群体是被排除在治理主体之外的。马克思·韦伯在分析了不同类型的国家之后，指出合法统治的类型可以划分为三类：传统型、魅力型和法理型。不同类型的统治其合法性的基础不同。传统型统治以既定传统的神圣性和根据这种传统进行统治的人的合法性为基础；魅力型统治的根基在于个人魅力，要求社会中存在一个能够创立和维护秩序的英雄般的个人；法理型统治的合法性则来源于"设计秩序的人或集体，具备有意识的创造秩序或发布命令的权利之合法观念"[1]。农业社会国家往往都属于传统型统治和个人魅力型统治抑或两者相结合。统治阶级结合统治需要决定公共行政权力的行使。整个社会高度依附于统治阶级这个"家长"，正如马克思指出的，社会形成的是一种自上而下的依附性关系，生产领域和生活领域

---

[1] 参见江必新：《论法律的统治及其条件：评马克思·韦伯的法律统治学说》，《行政法学研究》2000年第2期，第12页.

均是以人身依附为特征的[1]。这意味着权力机构仅是统治阶级利益的表达工具，公共事务沦为统治阶级私益的汇总。社会个体在公共事务治理过程中主体地位缺失。

当然，统治型公共事务治理模式下，并非完全没有公众的参与行为。只是公众的参与附庸于公共权力的行使，丧失了原本公众参与的功能性，仅成为统治者实现自身权益的合法化外衣。

其次，人类社会发展到工业社会时期，传统家元共同体下对于统治阶级的依附关系被破除，经济的快速发展，要求各个生产要素能够在市场的配置下自由流转，劳动力被解放，产业工人获得公民的新身份。在此种背景下，权力被重新解读。工业社会时代的权力与农业社会时代的权力同样重要，但是权力本身已悄然发生变化。此时的权力已不再被个人或某个阶级所垄断，而是更多地表现为一种公共权力，作为公众意志的代表出现；权力的属性不再是世袭、家族式的，而是源于公众的授予。公众为更好地维护自身权利，在公共领域形成公共意志，通过公共意志，将社会事务中蕴含的公共利益部分委托给政府。公众与政府之间的关系可以描述为"授权—履行"，这种管理型社会治理模式的特质要求必须寻求制度上的有效防范，以避免权力被滥用。

在工业社会管理型治理模式的治理实践中，外部的规范性要求公务员不能结党营私，必须确立官僚成员维护公共利益的诚实形象，并且致力于提供各种公共物品，诸如改善教育及卫生保健等方面的工作，以求凸显政府追求"效率"的天职[2]。但是，现实是管理型治理模式中，主体之间往往表现为互不信任和非合作化，在政策配置和制度安排方面，政府运行机制内部的集权式和官僚式运行方式，也成为腐败滋生的土壤。鉴于此，20世纪70、80年代，西方国家对政府角色与职能进行了再定位，对政府职能转变具有重要意义。其思路是启动了一场追求"三 E"（economy、efficiency、effectiveness）即经济、效率和效益的"新公共管理运动"。政

---

[1]　中共中央马克思恩格斯列宁斯大林著作编译局：《马克思恩格斯全集》第23卷，人民出版社1995年版，第94页.

[2]　参见张康之：《社会治理的历史叙事》，北京大学出版社2006年版，第97页.

府角色从传统重视主权、合法性与正当性的保守形象，转变为强调顾客导向、运作弹性化的超级市场形象[1]。即政府不再独自承担公共事务的服务与供给工作，而是在该领域引入市场机制以弥补政府机制的不足。此种模式打破了政府对于公共事务的垄断，可以以合同外包等市场化方式，让企业或其他"第三部门"参与到公共事务的服务和公共产品的提供中来，提升了政府工作效率和服务质量。正如张乾友指出的，在新公共管理视野下的社会治理"相对于国家及其政府的社会领域获得了充足的发展空间，并通过这种发展提高了自身的治理能力，也实际地承担起了许多从国家及其政府中转移出来的治理职能，使社会治理领域中出现了多元治理主体共存的局面"[2]。管理型治理模式在一定程度上适应了工业社会发展需求，具有时代特点和进步意义，推动了社会发展与进步，但在人类社会步入高度发展的阶段，随着互联网技术被广泛应用，社会的复杂性与不确定性显著提高，管理型治理模式弊端显现，难以再对公共事务作出有效调控。

最后，对于公共事务的治理，传统理论更多地注重政府的干预和市场的调节作用，但却忽视了市场自发的调节，其会因公共物品的存在及不完全竞争机制等因素导致市场调节失灵；在补救市场失灵的过程中，政府干预也不是精准万能的，而会因政府在干预公共事务的过程中干预不足或过度干预导致政府干预的失效。在此背景下，美国学者埃莉诺·奥斯特罗姆与文森特·奥斯特罗姆夫妇提出了多中心治理理论。探讨在政府治理主体外，是否可以存在其他治理主体参与公共事务的治理。

"多中心"意味着许多个决策中心，它们在形式上相互独立，它们在竞争性关系中将彼此考虑在内，进入各种契约性及合作性的任务，或求助于中心的机制以解决冲突，在一个大都市地区的各种政治管辖机构可能以一种内在一致的方式，以相互协调和可预测的互动行为模式发挥作用。就

---

[1] 参见何艳玲：《"公共价值管理"：一个新的公共行政学范式》，《政治学研究》2009年第6期，第62页.

[2] 参见张乾友：《公共行政的非正典化》，中国社会科学出版社2014年版，第9页.

这方面来看，如果真是如此，它们可谓是作为一个"体系"在运作[1]。

多中心治理模式随着公民社会的兴起而产生。通过引入多元社会主体参与公共事务的治理来打破行政权力在该领域的垄断地位。其最大特点是将公众镶嵌进公共事务的治理网络，与政府、非政府组织等一起参与公共事务的治理过程，最终实现对公共事务的善治。在多中心治理框架中，政府不再是唯一的权力中心，政府权力被转移、分散至非官方组织、私人机构直至公民个人。决策的形成过程就是多元各方主体的力量博弈的过程，是一个权力之间相互制衡、相互妥协以寻求最优资源配置的过程。多元主体在参与治理的过程中，不是各自为政、仅关注自身相关利益，而是在主体间建立良性互助合作的关系。主体在治理权力的分配中，既有竞争亦有合作，在分享权力的同时也要共同承担责任，从而实现在公共领域的善治。当然，多中心治理理论在强调非政府组织、公民等主体参与治理的同时，并非对政府的治理功能予以否定。政府在多中心治理框架中发挥着独特的作用。一方面，政府要实现"瘦身"，告别传统全方位社会治理的角色定位；另一方面，政府在多元主体间应充当协调员、组织员角色，灵活运用多种治理工具协调其他社会治理主体。

2. 我国多元共治环境治理体系的形成与发展

在社会事务的治理过程中，我国经历了由社会管理向社会治理、由政府单一主体维度的管制型治理，向企业、社会组织、公众广泛参与的多元主体维度的协商型社会治理的转变。

在我国生态文明建设进入全新历史发展时期阶段，党从顶层政策设计层面，为环境领域的多元共治提供了政策支持。从党的十八大首次提出多元共治理念以来，十八届历次全会均贯彻多元共治治理理念，《中共中央关于制定国民经济和社会发展第十三个五年规划的建议》中明确提出"形成政府、企业、公众共治的环境治理体系"，给出了新时期我国环境治理的总体目标。十九大秉承十八大关于环境治理的理念，在加快生态文明体

---

[1]　Ostrom V, Charles M Tiebout, Warren R."Organization of Government in Metropolitan Areas: A Theoretical Inquir", *American Political Science Review*, Vol. 55 (1961): 831-832.

制改革、建设美丽中国方面，更进一步提出"构建政府为主导，企业为主体，社会组织和公众共同参与的环境治理体系"。

党的十九大明确了各主体在环境治理体系中的价值定位，为多元主体分别从各自明确的主体价值定位出发，参与环境治理提供了理论和政策的支撑。

多元共治强调以多元化的治理主体取代传统的政府单一的治理主体地位，其实质是通过引入各类社会力量参与环境治理，以弥补政府单一治理的不足[1]。

传统政府作为单一主体行使环境治理权限时，政府在环境公共事务的决策上具有绝对的主导权，企业、社会组织、公众等处于被动地位，政府与其他社会主体间未形成有效的沟通与交流机制。此种治理模式下，一方面，于公众而言，处于被管制地位的公众的环境利益与诉求难以得到政府的积极应对与重视，权益被漠视后就会导致公众对政府的不信任及抵触情绪，进而极易爆发大规模群体事件，增大政府环境行政的难度。另一方面，于企业而言，政府限于监管能力和行政职权范围的有限性，难以全方位监督管控企业环境污染行为，造成大量企业的环境违法生产行为得不到追究和惩治，甚至有些地方政府为刺激地方经济的发展，追求地方财产绩效，故意放任、放纵地方企业的环境污染行为。由此可见，当政府在环境治理中占据单一主体地位，行使较多行政管理权限时，种类繁多的管理事项与并不单纯的管理目的，均对政府职能部门造成巨大压力。多元共治的环境治理体系恰巧能够弥补政府单一治理的缺陷，缓解政府行政压力。在多元共治的环境治理体系下，各社会主体平等地参与环境治理，通过协商、合作等方式，各主体的环境利益能够得到充分有效的保障，在沟通交流中，增强民众对政府的信任度，同时，对于政府难以监管的环境事务，也可通过各主体的治理功能加以覆盖，从而达到提升政府环境行政效率，督促政府依法行政的生态文明法治效果。

---

[1] 参见秦天宝，段帷帷：《我国环境治理体系的新发展：从单维治理到多元共治》，《中国生态文明》2015年第4期，第72页.

当代的中国，已经具备了形成多元共治环境治理体系的完备的现实基础。首先，国家对于生态文明法治建设给予了高度的关注，从顶层的国家政策层面对环境治理体系进行了设计。党的十八大、十九大分别从环境治理的目标、环境治理的主体价值定位方面，对多元共治环境治理体系提出了要求，尤其是2015年新《环境保护法》颁布实施后，以专章规定了信息公开与公众参与，从基本法角度为多元共治的治理体系注入了新的法律元素与价值定位。其次，我国生态文明法治建设的成果为多元共治体系的形成提供了坚实的保障。继新《环境保护法》之后，我国相继颁布了《环境保护公众参与办法》《中华人民共和国环境影响评价法》《环境影响评价公众参与办法》等，从公众参与环境治理的途径、参与的内容、参与的程序及保障机制方面进行了全面具体的规定；同时，对于政府在公众参与环境治理中的指导与协助、监管等职能进行了明确的规定，在有关环境信息公开的部门规章、行政法规中，就政府与企业的环境信息公开的义务进行了明确规定。这充分说明我国环境法治建设已经由针对公众参与的实体权益的保障转向实体权益与程序权益兼顾，也印证了多元主体参与环境治理正是我国生态文明法治建设的必然要求。最后，市场机制同样为多元共治的环境治理体系注入了新的活力。通过国家政策为市场经济建设引入绿色发展理念，鼓励企业在以市场为导向的同时，合理制定企业生产目标，规划企业生产经营范围，进行绿色生产。同时，对于公众消费者角色定位，通过宣传，鼓励公众理性消费，提倡绿色出行，以消费反推企业绿色生产，并适当运用环境治理PPP[1]模式、绿色税收等方式，有效提升各主体参与环境治理的有效性与积极性。

在价值结构多元化的当代中国，多元共治环境治理体系具有自身独特的功能定位。首先，有助于公众参与权的实现。公众参与既是我国环境法

---

[1]　"PPP"是Public-Private-Partnership的首字母缩写，常译为"公共-私营-合作机制"，是指为了建设基础设施项目，或是为提供某种公共物品和服务，政府按照一定的程序和方式，与私人组织（社会力量）以政府购买服务合同、特许经营协议为基础，明确双方的权利和义务，发挥双方优势，形成一种伙伴式的合作关系，并通过签署合同来明确双方的权利和义务，以确保合作的顺利完成，由社会力量向公众提供市政公用产品与服务的方式，提高质量和供给效率，最终实现使合作各方达到比预期单独行动更为有利的结果。

的一项基本原则，也是公民不可或缺的一项基本权利。其并不是"可为"之事项，而是"应为""必为"之原则与权利，要求社会公众能够通过有效途径参与到环境行政决策中来[1]。环境多元共治强调多元主体共同参与环境公共事务的治理，正是以治理体系的形式回应了公众参与权的现实需要。社会公众不再是末端的参与、被动的参与，而是以治理主体身份参与环境治理。角色与价值定位的转换，使得公众能够积极主动参与，在与其他主体共同参与环境行政决策时，通过沟通、协商，能够充分表达自身环境利益诉求，促进公众参与权的实现。其次，有助于提升政府环境行政能力。多元共治能够有效弥补政府履行行政职能的不足，克服行政失灵的风险。长期以来，受传统法律文化的影响，我国环境法表现出了"重实体，轻程序"的特点，对于公众实体性参与权、环境权的保障较之以公众参与为中心的程序性权利的保障要更为完善，诱发了在政府环境行政过程中，因公众参与的形式化而导致的政府环境行政失灵。多元共治的环境治理体系为社会主体与行政主体间的平等协商与合作创造了平台，促进了主体间通过发挥各自不同的环境治理功能进而形成环境治理的合力，通过公开、平等、顺畅地沟通与交流，从程序上保障了社会主体的环境权与参与权，更提升了政府环境行政的实效。最后，有助于实现权利保障与权力控制的平衡。在环境法的"环境权利—环境权力"的二元架构配置当中，传统环境治理体系下，政府环境行政权力处于绝对主导地位，在缺少有效交流沟通及监督机制下，政府恣意行政现象频发，社会主体的环境权利被漠视。多元共治视域下，追求主体间的合作共治，行政主体与社会公众间形成了健全有效的互动沟通反馈机制，避免了行政主体孤立、独断性地作出环境行政决策，同时，以社会主体监督行政主体的行政行为，也避免了政府恣意行政，最终在环境法治中实现权利与权力的平衡。

（二）选题的意义

深入细致地探讨环境治理过程中的公众参与权问题，有着深刻的理论价值意义和紧迫的现实需要，是有着广阔研究前景的时代命题。

---

[1] 参见吕忠梅：《环境法概要》，法律出版社2016年版，第86页.

首先，多元共治环境治理体系下公众参与权研究顺应时代发展需要，为生态文明法治建设提供理论支持。从生态环境治理的实践看，很多地区虽然依据地方自治权，在地方行政法规中对公众参与进行了一定的制度安排，但是往往流于形式，公众参与没有发挥实效。各地区环境治理过程中有限的甚或是空白的公众参与现状，源于有关公众参与环境治理的理论养分不足，缺乏对以公众参与权为核心建构多元共治环境治理体系的深入研究。对这一理论的研究具有极其现实的意义。

第一，有助于化解社会矛盾，实现利益平衡。任何社会都是隐含了各种利益冲突的社会，社会的发展实质就是整合了各种利益冲突，在不断协调各种利益、各种利益的实现与妥协中前行的。如果各类利益群体的利益之间不能得到有效协调与解决，则极易引发社会矛盾。利益的协调与解决，社会矛盾的化解，需借助于强有力的政府的公共政策，高效能、具备执行力的政府公共政策应是妥善处理了各种利益冲突，使各方利益基本达到平衡的公共政策。在环境领域，这种利益冲突尤为突出。环境自身的自净能力和承载能力有限，加之环境资源的不可逆特性，使得环境资源对于人类极为珍贵。环境资源的公共属性，决定了环境属于全人类，即环境公益。当某些自然人或组织滥用环境权利，过度消耗环境资源时，本质上已经侵害了他人的环境权利，故，在环境领域，利益冲突不可避免。政府制定公共政策，要想化解此矛盾，必须引入公众参与，让代表不同环境利益的群体都能充分发表各自的利益诉求，政府统筹各自利益集团的利益诉求，寻求利益的共存与平衡，制定政策以消减矛盾，妥善化解冲突。

第二，有助于弥补政府和市场双重失灵的短板。市场经济条件下，市场调节要求价值规律自发调节经济运行，按照供求关系的变化分配劳动力和生产资料。但是，在环境领域，价值规律发挥作用的范围十分有限。其一，环境资源从性质上属于公共产品，而作为公共产品，其不具有其他产品那种独占的特性，环境属于人类共有；其二，环境资源作为公共产品属性的特殊性在于，社会中一部分人对于环境资源的利用、消耗，不会影响其他人对于该资源的利用与消耗；其三，环境资源作为公共产品，其价值无法预估，而且也难以统计公众对于环境资源的供求状况；其四，环境资源作为公共产品，没有价格，故导致企业在生产经营中，对于环境资源的利用与开发无需考虑成本问题，致使大部分企业为追求经济利益，而放弃环境利益。综上，价格机制、竞争机制、供求机制均无法反映环境资源的公共属性，故市场调节在环境领域作用有限。为修正市场的失灵，人们开始呼吁政府的介入，寄希望于政府公共权力的行使，能遏制市场失灵带来的负面影响。但是政府在弥补市场失灵的过程中，所表现出来的能力也不尽如人意，有时甚至事与愿违。其一，程序漏洞易导致公共政策低效。政府是社会利益的代表，其在作出公共决策时应是公平公正的。但是，在决策过程中，往往会出现民众"搭便车"现象和利益集团操纵决策制定，使其偏离社会利益的情况。其二，公共政策执行力低，引发政府失灵。环境资源作为公共产品出现，其市场为完全垄断市场，竞争的缺失导致政府调控行为的滞后。其三，公共政策自身的不确定性，引起政府失灵。政策的正确是以充分可靠的信息为依据的，政府虽然掌握大部分环境信息，但是其信息仍然是不完全的，同时，政府公信力不强致使政策低效。环境保护公众参与正是在政府和市场双重失灵的背景下应势而生的。公众于政府、市场之外形成第三种环境治理的力量，与政府和市场既相互制衡，又相互促进，共同寻求环境多元共治的合理进路。三方力量在对抗与合作中，各方均可相互联合，或可相互监督。公众在政府决策不当时，可与市场联合，共同对抗政府权力的滥用；在市场失灵时，也可与政府一道，对失灵的市场加以抑制。

第三，有助于推动公众民主意识与环境意识建设。公众参与环境保护是社会主义民主的内在要求。民主原则赋予了公众参与环境治理的权利，公众有机会与政府对话甚至抗衡，使得公众能够深切意识到自己是环境的主人，自身负有保护环境的义务。当公众意见被政府关注或采纳时，公众参与度得到提升，在政府公信力增强的同时，也提升了公众的社会责任心和公民意识。公众通过参与到环境保护中来，在积极行使权利的同时，意识到自身环境私益的实现与环境公益是不相悖的，完全可以通过实现环境私益促进环境公益，进而更加自愿、自发地去维护环境公益。在这个过程当中，公众的环境意识也得到了提高。

第四，有助于降低环境治理成本，提升环境行政效率。政府在环境保护的立法、执法和司法过程当中，不可避免地会投入相当的财政支出，环境治理的成本是高昂的。将公众引入到环境保护的立法、执法和司法中来，会大大减轻政府财政压力，提升环境行政效率。其一，公众参与使公众能充分表达自己环境诉求，基于私益的考量，公众会关注自身诉求的解决情况，在这个过程当中，实质是帮助政府履行了其部分监督职能，降低了相关政策、法规的实施成本。其二，公众作为群体出现，力量巨大，分布于社会生活各个层面的公众，可以充当政府环境信息的收集者，弥补政府因环境信息掌握不全而造成的决策上的失误。其三，环境行政机关在环境管理过程中，不排除会为追求私利而滥用行政权力。在行政权被滥用，公众环境权利被侵害的情况下，政府环境决策的推行是要严重受阻的。公众参与环境保护，在公众的参与和关注下，推行其认可的环境政策，向公众展示政府对于个体、群体环境利益的维护与尊重，能够减少环境政策的执行阻力，提升环境行政效率。

其次，多元共治环境治理体系下公众参与权研究回应了环境法学发展的需要。2015年实施的《环境保护法》，第一条即规定"以推进生态文明建设"为立法目的。生态文明价值目标的导向作用，拓宽了环境法学的研究视野，也拓展了环境法学的规范对象。生态文明的法治研究，需要建立系统完整的环境法律制度体系，以多元共治环境治理体系为视角，探讨公众参与权的实现，正是回应了环境法学发展的需要，符合环境法的立法目的与价值取向，具有广阔的研究前景。

最后，多元共治环境治理体系下公众参与权研究推动了部门法间的沟通与交流。环境的公共产品属性，决定了生态环境立法不仅仅是环境法的任务，各个部门法从自身法律部门出发，依托生态环境的公共属性均有必要对环境问题进行关注并作出回应。对于本文而言，公众参与环境治理的不同侧面均可实现部门法间的沟通与交流。如公众参与权实质源于公民的环境权，而环境权作为一项基本人权在我国《宪法》中并未明确规定，上位法权利的缺失使得作为下位法的《环境保护法》地位尴尬；公众参与环境司法的有效途径为提起环境公益诉讼，而我国目前尚无专门的调整环境公益诉讼的程序法，需借助《民事诉讼法》《行政诉讼法》等程序法实现，这些均为环境法律部门与其他法律部门间的沟通与交流提供了有力契机。

二、研究综述

（一）理论研究成果

1.环境治理理论

环境治理领域每一次治理模式的转变，都存在相对应的理论支撑。20世纪50至70年代，随着西方发达国家遭遇前所未有的生态危机，公众环境意识开始觉醒，环境诉求高涨，强烈要求政府履行环境治理职能。环境国家干预主义应运而生，以"命令—控制"方式推进环境治理。国家干预主义认为，市场经济不能完全有效地运行，需要政府进行干预。个体在对自然资源进行利用时，根据非理性偏好在当代和后代间进行资源分配，更多地关注当代环境利益，对后代利益采取漠视甚至牺牲的态度。政府从性质上分析，既是当代人的受托人，又是后代人的受托人，政府必须采取法律或行政手段，避免环境等公共资源被当代人过度开采或污染。市场不是有效的资源配置手段，政府要实施必要的干预，经济增长是资本主义发展的主要目标，环境资源的破坏是经济增长的必然附带品，属意料之中。资本主义社会不可能限制经济增长，故政府的主要任务是用立法手段规定增长的范围。政府立法限定的环境战略，没有排除经济增长，只是要求经济增长的同时不能导致公共利益和社会福利的下降；真正达到社会最适状态是不可能的，进而提出了征收附加税方案。环境国家干预主义的理念是"命令—控制"，以环境标准为核心，结合法律或禁令对污染进行事后矫正。20世纪70、80年代，环境治理模式发生变更，逐渐转向基于所有权的环境市场自由主义。该理论以所有权为基础，强调以市场机制为核心，利用市场特有的调整手段和方法，将环境保护和自由市场相结合，为环境治理提供了新思路。市场自由主义认为应当以所有权为基点，明确严格的产权制度，并以法律形式予以充分保障，而无需政府过多地对污染问题进行干预。在产权清晰、排污总量确定的前提下，允许排污权在企业间以商品形式进行流通，以此促进企业不断进行技术革新，削减污染成本。庇古在《福利经济学》中指出，可以通过对具有负外部性的活动征收税收的方式，促使外部行为内部化，达到对外部行为的矫正。对污染企业征收排污税，以激励而非直接的行政处罚的方式，更能被企业所接受，进而激励企业积极主动地采取有利于降低环境污染的技术和生产行为。较之环境国家干预主义，环境市场自由主义更倾向于一种事前的风险防控，更适应经济社会的发展，更有利于维护环境公共利益。20世纪80年代以来，环境社会中心主义理论通过民主协商、合作治理、社会参与来解决环境治理风险，强调多元主体间的沟通与互动。该理论认为人们在一定条件下能够采取的集体行动源自对公共利益的维护，呼吁人们关注资源使用者自主治理的模式，在此基础上，公共政策的制定应该从政府、社群和资源使用者三个维度的沟通与合作中去寻找自身的定位。曼瑟尔·奥尔森认为，当许多人有着共同的或集体的利益时——当他们共有一个目的或目标时，个体的行动无法促进公共利益的实现[1]。自主治理理论认为，集体行动面临三个难题：新制度的供给、可信承诺问题和相互监督问题。贝茨认为制度为公众提供的是一个平等的公共服务平台，而个体往往热衷追逐最小负担实现最大利益，搭便车的动机就必然导致制度供给的失败。必须解决的正是这个动机问题[2]。外部力量显示会在未来对不遵守合同的行为进行制裁，则人们会选择作出遵守合同的承诺。乔恩·埃尔斯特不完全肯定相互监督的困境总是"决定性的"。他指出了一种可能性，即可以对任务加以组织，使之在没有附加努力的情况下完成监督工作[3]。

　　我国的环境治理理论随着经济建设高速发展带来环境的不断恶化而被不同学者从不同学术侧面进行分析论证，呈现出学术繁荣。俞海山教授通过对比参与式治理与合作式治理两种不同的环境治理模式，指出参与式

[1] Mancur Olson."The Logic of Collective Action: Public Goods and the Theory of Groups", Vol.43: 4, *Land Economics* (1967): 446-450.

[2] Robert H. Bates. "Contra Contractarianism: Some Reflections on the New Institutionalism", Vol. 16: 2, *Politics and Society* (1988): 394.

[3] Jon Elaster. "The Cement of Society. A Study of Social Order", Vol. 28: 1, *Jorunal of Economic Literature* (1990): 124.

治理强调在政府主导下，由公众等其他主体共同参与达成某项公共决策或提供某项公共产品，是最终由政府决策并承担责任的一种环境治理方式。合作治理是在各治理主体地位平等基础上进行谈判与沟通，以期达成共同的决策目标，并共同担责的治理模式。参与式治理中主体地位的不平等，导致公众表现出参与的冷漠性；而合作式治理中，政府的基本职能在于引导而非控制，通过引导激发多元主体参与的积极性与主动性[1]。杜辉认为，有三类交错互动的角色主导环境治理的制度逻辑，国家、科层制权力和公众。他指出环境公共治理模式在性质上是合作的且合作范围是广泛的，治理主体是多元的，治理手段是多样的[2]。邓可祝教授认为，我国当前的环境法治建设体现了重罚主义思想，属威慑型环境法，而过于严苛的环境法律责任，引起了企业的抵触和整个社会环境保护成本过高的后果。合作型环境法更契合我国环境发展的需要，合作型环境法可进一步细化为自主型、契约型、实施型、评价型和代理型五种模式[3]。王曦教授等认为新《环境保护法》的最大亮点就是带来了我国环境治理模式的转变，从环保部门"单打独斗"的一元治理转向政府、企业和公众等第三方主体的多元治理[4]。秦鹏教授等主张的环境协商治理模式，强调公民参与是必备环节，且公民参与必须是有效参与，其能够直接影响政府的治理决策[5]。张康之认为，非政府组织、社区等具备新兴社会主体的特质，从主体层面为多元共治的社会治理格局提供可能[6]。同时，随着网络化公共服务的兴起，学者对于网络化治理的研究也逐渐深入。陈振明认为，网络化治理的本质在于将公共权力分享给多种治理主体，主体间通过相互合作实现公共

---

[1] 参见俞海山：《从参与治理到合作治理：我国环境治理模式的转型》，《江汉论坛》2017年第4期，第58-62页。

[2] 参见杜辉：《论制度逻辑框架下环境治理模式之转换》，《法商研究》2013年第1期，第69-76页.

[3] 参见邓可祝：《重罚主义背景下的合作型环境法：模式、机制与实效》，《法学评论》2018年第2期，第174-186页.

[4] 参见王曦、唐瑭：《环境治理模式的转变：新〈环保法〉的最大亮点》，《经济界》2014年第5期，第9页.

[5] 参见秦鹏、唐道鸿：《环境协商治理的理论逻辑与制度反思》，《深圳大学学报》2016年第1期，第110页.

[6] 参见张康之：《合作的社会及其治理》，上海人民出版社2014年版，第163页.

利益[1]。刘波、李娜运用动态分析与静态分析相结合的方法，对网络化治理进行整合[2]。

2. 公众参与理论

有关公众参与的理论探讨在国外是伴随着公民参与时代而开启的，在早期的研究成果中，偏好于对公众参与的公共政策、民主法治、公平与正义、社会治理和公共关系等方面的分析论证，并于2005年开始对于公众参与的关注度明显提升。针对公众参与的国外研究，研究最多的学科领域为公共管理学，环境学领域次之，参与研究的其他学科主要有法学、哲学、社会学等。Arnstein于1969年在其发表的论文《市民参与的阶梯》中，首次提出公众参与的阶梯理论[3]。该理论在方法和技术层面对公众参与的实践产生了巨大影响，至今仍有重要的理论价值及实践意义。当下的中国公众参与实践，也能够从阶梯理论中找到对应的位置，并进而确定努力的方向。公众参与的一个关键性前提性问题是如何界定公众的范围，对此，Karen等指出，就英国的交通基础设施项目存在着不同界定边界的公众：包括当地居民、企业、交通运营商和用户，至于弱势群体的代表人、医疗服务和教育的提供者、环保组织等没有清晰的界定[4]。Mitchell等提出了"重要利益相关者"这一概念，认为当组织内部与外部利益相关者人数众多时，应当被区别对待[5]；并且认为这些利益相关者应当依据一定的指标进行排序，能够作为重要程度的指标包括权力、合法性和紧迫性。就公众参与的途径和渠道而言，Hakala 认为基于社区日常的、非正式的信息获取

---

[1] 参见陈振明：《公共管理学：一种不同于传统行政学的研究途径》，中国人民大学出版社2003年版，第86页.

[2] 参见刘波，李娜：《网络化治理：面向中国地方政府的理论与实践》，清华大学出版社2014年版，第93页.

[3] Arnstein S R. "A Ladder of Citizen Participation", Vol.35: 4, *Jonural of the American Insititute of Planners* (1969): 216-224.

[4] Karen B, Rodney T, Gordon W. "Transport Planning and Participation: The Rhetoric and Realities of Public Involvement", Vol. 10: 1, *Journal of Transport Geography* (2002): 61-73.

[5] Mitchell R K, Agle B R, Wood D J. "Toward a Theory of Stakeholder Identification and Salience: Defining the Principle of Who and What Really of Counts", Vol. 22: 4, *Academy of Management Review* (1997): 853-886.

途径，社区的环境治理工作往往能够较好地兼顾弱势群体与高危群体的环境权益保障[1]。Ayers认为，对公民环境知情权的保障，应与经验观察、环境评估中的科学数据相结合，才能精准定位问题，及早发现和控制环境风险[2]。学者们从各个学科领域对公众参与进行了解读，在具体阐释公众参与时，一般会结合某个具体领域分析论证。国外学者的分析与研究对我国学者进行公众参与理论的研究具有重要意义。

我国对于公众参与环境问题的研究始于20世纪80年代。截至2019年12月，以主题词为"环境"并含"公众参与"进行检索，在中国知网上可检索到11 628篇文献，其中，法学学科领域的文献为3 183篇，可见，对于公众参与的研究并非局限于法学领域，政治学、管理学、社会学等学科均可检索相关文献。对法学相关方向的文献进行梳理发现，我国法学领域对于公众参与的研究主要集中在以下几个方面：一是对于公民环境权的研究。就环境权是否作为一项独立的人权，是否应当入宪，学界展开了激烈的讨论。吕忠梅教授主张环境权是一项基本人权，理应入宪[3]，认为环境权是由一系列子权利或派生权利组成的丰富权利系统，至少包括环境使用权、参与权和请求权[4]。其更进一步指出，公民环境权应当在宪法中加以明确规定，这是回应生态文明法治建设要求的必然选择[5]。陈泉生教授同样认可环境权是一项新型的人权，既是一项法律权利，又是一项自然权利，不能剥夺[6]。蔡守秋教授也提议从法律上确认、保障环境权，认为环境权是一项新的、正在发展中的法律权利，是环境法的一个核心问题[7]。当然，也有学者反对环境权的人权性质，代表人物是徐祥民教授。徐教授认为公

---

[1] Hakala E. "Cooperation for the Enhancement of Environmental Citizenship in the Context of Securitization: The Case of an OSCE Project in Serbia", Vol. 8: 4, *Journal of Civil Society* （2012）: 385-399.

[2] Ayers J. "Resolving the Adaptation Paradox: Exploring the Potential for Deliberative Adaptation Policy-Making in Bangladesh", Vol. 11: 1, *Global Environmental Politicsy* （2011）: 62-88.

[3] 参见吕忠梅：《论公民环境权》，《法学研究》1995年第6期，第64页。

[4] 参见吕忠梅：《再论公民环境权》，《法学研究》2000年第6期，第135-139页。

[5] 参见吕忠梅：《环境权入宪的理路和设想》，《法学杂志》2018年第1期，第23页。

[6] 参见陈泉生：《环境权之辨析》，《中国法学》1997年第2期，第66页。

[7] 参见蔡守秋：《论环境权》，《金陵法律评论》2002年第1期，第83页.

民环境权论存在自身无法克服的矛盾，第一，将公民环境权与国家环境权并驾齐驱；第二，现代的环境问题匹配古代的"环境权"；第三，"基本"权利无处不在[1]。同时，徐教授也对宪法中的环境权进行了解读，认为公民不能成为"健康环境的权利"的享有者，政府对环境的责任不能产生公民的环境权，公民保护环境的义务转换不出公民环境权，进而指出宪法中环境权是一种属于人类的权利[2]。学界对公民环境权的讨论如火如荼，对环境权权利形态的定位从法律权利到人权、基本权利再到习惯性权利，还有学者对环境权产生质疑。公众参与环境治理的权利，从法律权利的缘起来看，其应源于公民的环境权。公民的环境权是公民广泛参与环境保护与治理各个方面的权利基石，只有从法律上首先明确了公民的环境权，才能在此基础上具体解读各项具体环境权利。二是对于公众参与权如何建构问题的研究。周珂教授和汪劲教授专门分析了环境影响评价程序中的公众参与。周珂教授分别从主体、对象、范围和方式等方面对公众参与环境影响评价进行了结构建构[3]；汪劲教授通过对比中外公众参与环境影响评价相关实体及程序性规定，提出我国公众参与环境影响评价的完善建议[4]。张晓云专门从环境影响评价参与主体的界定方面，建议采取总分、排除+类型化的定义方法，对环评参与主体"公众"进行界定[5]。徐以祥教授认为，公众参与应当根据不同的利益类型确定主体的参与方式和参与强度[6]。秦鹏教授等分析了公众主体身份所面临的合法性困境，提出从决策、执行和监督环节分别予以完善才是现实困境的破解之道[7]。朱谦教授分析了环境行政决策过程中，公众个体参与的缺陷，主张强化公众参与主

[1] 参见徐祥民：《对"公民环境权论"的几点疑问》，《中国法学》2004年第2期，第109-110页.

[2] 参见徐祥民：《宪法中的"环境权"的意义》，中国法学会环境资源法学研究会2006年年会与学术研讨会论文集，第1369-1375页.

[3] 参见周珂：《环境影响评价制度中的公众参与》，《甘肃政法学院学报》2004年第3期，第63-67页.

[4] 参见汪劲：《环境影响评价程序之公众参与问题研究》，《法学评论》2004年第2期，第107-118页.

[5] 参见张晓云：《环境影响评价参与主体"公众"的法律界定》，《华侨大学学报（哲学社会科学版）》2018年第6期，第95页.

[6] 参见徐以祥：《公众参与权利的二元性区分》，《中南大学学报（社会科学版）》2018年第2期，第64页.

[7] 参见秦鹏，唐道鸿，田亦尧：《环节治理公众参与的主体困境与制度回应》，《重庆大学学报（社会科学版）》2016年第4期，第126页.

体的组织化[1]。史玉成教授从公众参与的法律制度设计层面，提出公众参与法律制度的生成要素应包括：环境信息知情制度、环境立法参与制度、环境行政参与制度和环境司法参与制度，以及为保障上述制度实施的程序保障制度[2]。柯坚教授从公私协作角度探讨了在公共部门和私人部门间构建合作契约机制[3]。胡乙和赵惊涛教授认为，在信息数据时代，应充分运用信息技术促进数据互融互通，以大数据、网络信息等手段助力公众参与平台的合理建构[4]。三是对于公众参与权利在环境司法中的实现问题，尤其是对于权利救济方面的环境公益诉讼制度的研究。占善刚教授等和张旭东教授从公众参与环境司法的维度对环境公益诉讼进行了分析。占教授主张在环境专门法院体制下形成统一的环境诉讼特别程序规则[5]；张旭东教授强调环境纠纷的整体性，主张采用环境民事公私益诉讼合并审理方式化解现行分离式诉讼面临的困境[6]。此外，基于嘉兴市的地方实践也产生了诸多理论成果，通过对比"嘉兴模式"与国外公众参与模式的异同，介绍了嘉兴的地方经验并探讨了中国公众参与的走向[7]。

（二）理论研究存在的问题

环境国家干预理论与现实存在较大的差距。以国家行政权力为主导，对企业实施直接监管，一方面信息不对称造成政府单向度的环境规制成本

---

[1] 参见朱谦：《环节公共决策中个体参与之缺陷及其克服：以近年来环节影响评价公众参与个案为参照》，《法学》2009年第2期，第49页.

[2] 参见史玉成：《环境保护公众参与的现实基础与制度生成要素：对完善我国环境保护公众参与法律制度的思考》，《兰州大学学报（社会科学版）》2008年第1期，第131页.

[3] 参见柯坚：《环境公私协作：契约行政理论与司法救济进路》，《重庆大学学报（社会科学版）》2017年第2期，第113页.

[4] 胡乙，赵惊涛：《"互联网+"视域下环境保护公众参与平台建构问题研究》，《法学杂志》2017年第4期，第125页.

[5] 参见占善刚，王译：《环境司法专门化视域下环境诉讼特别程序设立之探讨》，《南京工业大学学报（社会科学版）》2019年第2期，第11页.

[6] 参见张旭东：《环境民事公私益诉讼并行审理的困境与出路》，《中国法学》2018年第5期，第278-302页.

[7] 这些成果包括：林卡，吕浩然：《环境保护公众参与的国际经验》，中国环境出版社2015年版；钟其，虞伟：《中外环境公共治理比较研究》，中国环境出版社2015年版；虞伟：《中国环境保护公众参与：基于嘉兴模式的研究》，中国环境出版社2015年版.

巨大，另一方面，政府的强势行政容易遭到企业的抵制与不合作。政府环境行政一般对污染企业设定统一排污标准，"一刀切"，缺乏对企业差异化、个性化的政策应对，行政过程缺乏对企业主体地位的考量，同时，政府富有"理性经纪人"色彩，容易成为企业的"俘虏"。环境市场自由主义在实践中也遭到诸多质疑。环境治理所涉主体众多，参与者过多，导致通过谈判缔结协议的可能性过低，其中用于协调的成本太高；过分强调产权清晰，而如果外部影响超越了国界（如酸雨致污），那么产权界定方法就无法适用，因为环境产权是无法界定的。同时，环境市场自由主义忽视了多元产权制度在环境保护中的作用。通过分析各种财产权体制在环境保护中的作用和地位，可以得出，在现实生活中试图找到最优的环境治理方法是极其困难的，只能达到人们愿意支付成本所能达到的环境保护水平。我国学者对于治理理论的研究，侧重从总体上分析我国当下环境治理的模式，对于多元主体治理模式的研究，缺少从各个主体层面的微观探讨。政府、公众与企业作为多元的环境治理主体，各自有自己独特的定位，相互间又存在彼此合作、相互制约的关系。在强调共治、共享的时代背景下，学界对于环境治理的探讨，尚存在立足多元主体中的某一类型主体，并以此为基点辐射其他主体；以基点主体的特征性权利及义务的履行为重点，以辐射主体的对应性权利及义务为辅助，在环境多元共治体系下共同促进公众参与权实现的余地。

　　上述对于公众参与理论的研究，为我国环境法的系统完善提供了智识性支持，但研究的内容尚不够系统和全面。多数研究集中在：公众参与的理论基础方面，大致可归纳为公共信托理论、治理理论、环境民主理论和公民环境权理论[1]；公众参与的现实困境方面，多数围绕公众参与的方式、深度及环保NGO（非政府组织）的作用方面论述[2]；环境公益诉讼方面，从相关环境法律制度设计角度提出建议。缺少从权利维度定性公众参与，围绕权利的双方主体展开，依托公众参与的公众权利主体身份和与之

---

[1] 参见邓江凌：《环境保护公众参与问题研究》，《重庆文理学院学报（社会科学版）》2018年第6期，第87-90页。

[2] 参见杨超：《关于我国环境保护公众参与的思考和建议》，《环境保护》2016年第11期，第61-63页.

相对应的政府、企业的义务主体的身份，探讨双方的环境权利与义务的内容。同时，从研究方法上，规范分析方法和比较方法运用得较多，实证分析和利益分析方法采用得较少。鉴于此，本书拟从公众参与的权利维度，结合多元共治的环境治理体系对公众参与权进行深入分析，并在此过程中，注意研究方法的多样性。

三、研究方法

环境法学综合性极强，具有多学科领域交叉互动研究的特点，本书立足环境法学视角，运用了多种方法开展研究。

第一，比较法研究方法。以公众参与为核心，着重收集国内外学者的相关研究、国际条约、国内外立法等文献，对比分析国内外关于公众参与权的权利架构及实现路径，寻找国内外公众参与权的差异，结合中国实际，明确我国公众参与权的应然走向。

第二，实证分析方法。坚持以问题为导向，针对公众参与的不同侧面，充分收集并选取了大量实证资料，包括2015年以后修订和发布的有关公众参与的规范性文件、各级政府及环保组织发布的调查报告及裁判文书网上发布的有关环境公益诉讼的裁判文书。通过实证研究，考察公众参与权在环境立法、环境行政执法和环境司法中的实现，其制度安排是否合理，对于失衡的法律制度，力求探究其失衡之根源，以化解法律制度与现实间的矛盾冲突。

第三，法经济学分析方法。在对公众参与权利主体的公众进行分析时，运用了法经济学的分析方法探讨公众参与环境治理的内在动因不足问题，公众主体身份不同，代表的环境利益不同，应在利益分析基础上针对不同的环境利益主体分配不同的参与权能，才能充分激发公众作为理性经济人的参与热情；具体运用成本和效益分析方法，对企业的环境污染行为与绿色技术革新问题进行分析，促使企业主动以绿色发展理念指导生产实践。针对不同的激励目标制定不同的激励措施及制度安排，以实现效率最大化。

四、本书框架

本书以问题为导向，通过对我国生态环境治理过程中公众参与权利的分析，提炼出其中存在的理论问题，即如何在环境治理多元化背景下促进公众参与权的实现。在这一核心问题导向下，有五个方面的理论问题需要阐释，分别涉及多元共治环境治理体系下公众参与权的基础理论阐释及多元共治环境治理体系下公众参与权的主体、内容、权利的行使与实现。这五个方面的理论问题，以环境法基础理论、基本原则为依托，结合当代中国国情，成为本书的核心部分。现简要分述：

第一章"多元共治环境治理体系下公众参与权释析"，公众参与权具有广泛而深刻的理论基础，不同学科均能为公众参与提供理论支持，同时，政府职能的转变、环保社会组织的兴起和公众环境意识的觉醒，均为公众参与权提供了有力的实践基础。

第二章"多元共治环境治理体系下公众参与权主体构成"，公众参与权主体包括了权利主体与义务主体，权利主体为公众，但是何为公众，公众具体指代哪些主体，在环境法视域下需要给出明确解读，尤其是公众自身是一个利益集合体，对于不同的利益主体应加以区分。政府和企业一方面作为公众参与的义务主体，负有保障主体权利实现的义务，另一方面，在多元共治视域下，政府和企业不仅仅是保障公众参与权实现的义务主体，其更是环境治理的主体，应当对两者的角色定位进行全面分析，才能充分发挥各个主体在环境治理中的作用。

第三章"多元共治环境治理体系下公众参与权的内容"，以权利为本位分析公众参与，厘清公众参与权的各项具体子权利的内容与相互关系。环境知情权、参与权、表达权和监督权是相互联系、互为条件的一个整体，其中：知情权是前提，没有知情权，参与权、表达权和监督权就缺少了依据；参与权是关键，缺少参与权，知情权、表达权和监督权将无从谈起；表达权是核心，缺少表达的参与形同虚设；监督权是保障，没有监督的表达和参与将事倍功半。

第四章 "多元共治环境治理体系下公众参与权的行使",环境法律框架内的公众参与权有其行使的原则,权利不得滥用。我国当下公众参与权的行使主要有政府主导的自上而下的行使路径与公众自发的自下而上的行使路径两种,两种行使路径统一于生态文明法治建设的实践。在具体的权利行使过程中,公众参与权不是一帆风顺的,权利存在受阻的情况,对权利受阻情况进行分析,尤其是对产生此种情况的深层次原因进行分析,进而为下一章更好地实现公众参与权做铺垫。

第五章"多元共治环境治理体系下公众参与权的实现",多元共治视域下,多元主体共同参与环境治理,打造多元共治的环境治理体系,在这个体系中,政府、企业与社会作为主要的三种力量,理应形成环境共治的合力。本章以主体为维度,分别从各个主体角度出发,探讨如何促进公众参与权的实现,最终如何以合力的形式共同助力公众参与环境治理。当然,任何权利的实现,都离不开正当程序的保障,笔者亦从程序正当的角度为公众参与权的实现提出了程序性建议。

第一章　多元共治环境治理体系下公众参与权释析

以权利为本位，以多元共治为视角，对环境法领域的公众参与权从理论与实践两个方面进行论述。本章属于基础理论部分阐释，为后续章节的展开提供理论支撑。严格遵循法学学科对于权利的研究进路，对公众参与权的权利基础（包含理论与实践两个层面）、权利属性、法律价值进行系统分析和阐述，在现有环境法学的理论成果鲜少基于权利属性对公众参与展开研究的背景下，对公众参与权的权利属性进行研究，具有较强的学术价值。

第一节　多元共治环境治理体系下公众参与权界定

公众参与权是一个多学科概念，从不同学科特点出发，均可以对公众参与权进行解读。环境法作为独立的法律部门，有自身独特的学科特色，从环境法的学科特点出发，分析环境领域公众参与权的基础理论，分别对本书的立论基础、公众参与权的法权属性、法律价值进行了理论解读，同时，结合我国实际，分析了政府职能转变、公众意识觉醒及环保社会组织的兴起对于公众参与权的促进作用。

一、核心概念辨析

（一）公众参与和公众参与权

1. 公众参与

公众参与是民主原则在环保领域的体现，对于何谓公众参与，学者从不同研究角度予以解读，形成了不同的意见：有学者从广义范围界定公众参与，认为任何单位或个人均有权利参与环境保护事务，参与环境决策[1]。也有学者认为公众参与应做限缩解释，认为公众参与指与决策利益相关的主体，通过一定程序和途径，参与环境决策[2]，即参与主体限于利益相关的公众，参与的范围限于环境决策。

从规范公众参与环境保护的国际公约《奥胡斯公约》的规定分析，该公约第六、七、八条规定了公众参与的范围，具体包括环境活动决策的参与、相关计划和政策的参与，及法律制定和执行过程的参与。可见，从国际环境法律的大氛围来看，倾向于从广义上认定公众参与的范围。故笔者认为，环境治理中的公众参与应从广义上予以认定。

2. 公众参与权

随着生态文明法治建设的推进及"美丽中国"的提出，公众参与问题得到了实务界与学术界的广泛关注，但是，焦点主要集中在公众参与的微观法律机制建构方面，对于公众参与的权利属性没有太多实质关注[3]，也没有关于公众参与权的统一界定。作为本书的立论基础，界定公众参与权成为首要问题。

在现有对于公众参与问题的讨论中，多以公众参与原则或公众参与法律制度为视角进行探讨，这在诸多法学著作或论文中得以显现。诚然，

---

[1] 参见杨振东、王海青：《浅析环境保护公众参与制度》，《山东环境》2001年第5期，第16页.

[2] 参见田良：《论环境影响评价中公众参与的主体、内容和方法》，《兰州大学学报（社会科学版）》2005年第5期，第133页.

[3] 笔者以"公众参与"并含"环境"为检索项，在知网进行高级检索后得到11 885条检索记录，但以"公众参与权"并含"环境"作为检索项进行检索，仅得到36条检索结果.

从法律原则或法律制度中，可以剖析出公众参与权的实质内涵，但此种剖析仅为笔者对公众参与权的个人界定。此外，在较少对公众参与权的研究中，不乏有学者对公众参与权给出了直接的定义，如认为公众参与权是环境民主的体现，其目的是保障自身或公共的环境利益，具体指公众通过一定程序，自主为一定行为或在社会或法律认可范围内，要求他人从事一定行为的权利[1]。公众参与权指在环境保护基本法规定的形式与路径选择下，公众有权依法积极参与所有与环境利益相关的活动[2]。公众参与权是一种程序性权利，指公众有权参与可能影响环境活动的环境立法、执法以及政府环境决策[3]。通过上述学者从不同角度对于公众参与权的界定，不难判断虽侧重点有所不同，但公众参与权的主体、内容与目的等主要内容趋于相同。故笔者总结上述概念中的共性因素，认为可以将环境法法律体系内的公众参与权定义为公民、法人和其他组织为保障自身或公共的环境利益，依照法律规定的程序和途径，参与一切与环境利益相关的立法、执法、司法、守法及法律监督的权利，从性质上分析，公众参与权是集实体性权利与程序性权利为一体的综合性权利。

（二）治理与多元共治

1. 治理

治理一词，在以往的研究成果中，多被认为起源于西方文明。其产生的直接诱因是公众对国家官僚机构的质疑与排斥，臃肿的官僚机构、严重的财政赤字、政府干预的失效都强烈推动西方国家开始探索新的行之有效的社会治理模式，治理一词应运而生。在西方语境下，治理一词指的是在特定的范围内行使权威[4]。尽管学者对治理的概念理解各不相同，但是不影响就治理的价值内涵存在着一些共识，如政府应承认社会组织的自我管理能力，认可治理体系是一个多中心的系统；在治理过程中，主体间应相互协商，地位平等，通过合作而非行政命令的方式寻求解决问题的路径。

---

[1] 参见朱谦：《环境民主权利构造之路径选择》，《南京社会科学》2007年第5期，第113页.

[2] 参见朱敬知：《浅谈〈环境保护法〉》中的公众参与权，《决策探索》2019年第8期，第42页.

[3] 参见常纪文，杨朝霞著：《环境法的新发展》，中国社会科学出版社2008年版，第426页.

[4] 参见张昱，曾浩：《社会治理治什么？》，《吉林大学社会科学学报》2015年第5期，第151页.

实际上，治理概念并非舶来品。"治理"一词所体现的理念与价值内涵在我国其实也是源远流长，远在尧舜时期，贤人就有关于治世的思考。在不同的历史时期，为顺应社会发展的需要，诸子百家将"治理"一词充分融入治国、理政过程当中，赋予其不同的时代意义与理论内涵。不难看出，治理一词在中国多被用来界定治国理政之道。治理的核心内涵应与国家的历史传承、社会发展水平相呼应，从中国古代"治国理政"的治理的概念解读到现代善治、法治、民本思想的核心价值观念的生成，从权威型政府导向的治理模式到多元共治的有益尝试，彰显出我国现代治理理论在寻求一种突破与创新，力求在国家治理中，政府治理、市场治理与社会治理能够有效融合，共同致力于国家发展建设。

全球治理委员会发表的研究报告中认为治理至少应当包含三个要素：公共或私人机构进行管理；利益的调和过程；正式或非正式的制度安排。它有四个特征：治理不是一整套规则，也不是一种活动，而是一个过程；治理过程的基础不是控制，而是协调；治理既涉及公共部门，也包括私人部门；治理不是一种正式的制度，而是持续的互动[1]。按照上述治理的概念，就治理而言，主要应解决的问题是治理的主体与规则，即由谁来治理，采取何种方式进行治理。

2. 多元共治

2015年新修订的《环境保护法》明确规定了"信息公开与公众参与"，以此为契机，对公众参与的研究获得了空前的发展，公众参与环境保护的主体身份得到充分的重视，这也为党的十八大、十九大相继提出改革社会治理体制，形成全社会共同参与环境治理提供了基本法层面的支撑。

学界从各自学科特点出发，对多元共治进行了深入的探讨与研究。有学者指出，多元共治强调主体多元化，其实质是在微观领域建立一种制度形态，引导大量社会力量参与环境治理，以此作为政府单一治理主体的补

---

[1] 全球治理委员会：《我们的全球伙伴关系》（Our Global Neighborhood），牛津大学出版社1995年版，第23页.

充和替代[1]。有学者认为生态多元共治模式指以解决环境问题为目的，以主体多元和体系开放为特点，以政府与企业、社会组织及公众间的合作互动为手段的治理模式[2]。还有学者认为环境共治要跳出传统孤立的强调行政主体或社会主体某一方面的思维定式，应构建促进三方协同、实现共赢的机制[3]。学者们对于多元共治的界定，回应了十九大提出的打造共建共治共享的社会治理体系的要求，也符合生态环境法治领域"构建政府为主导，企业为主体，社会组织和公众共同参与的环境治理格局"的要求。就多元而言，其构成因素复杂，既包括治理主体的多元化，也包括治理手段的多样化和治理机制的多元化。但是囿于本书论证角度的有限性，笔者拟只就其中治理主体的多元化视角来探析如何从不同治理主体身份价值定位出发促进公众参与权之实现。故本书的多元共治视域仅指主体多元化视角下，探讨如何有效促进公众参与权的实现。

二、多元共治环境治理体系下公众参与权的权利属性

现有的环境法学对公众参与问题的研究，以公众参与原则、公众参与法律制度建构为焦点，基于权利视角分析公众参与权的法权属性，环境法现有理论成果中尚不多见，对公众参与权的法权属性进行研究，是本书的核心和关键，是对其他问题展开研究的依据。

（一）以环境公共利益为目的的公众参与权

公法权利理论起源于德国公法学，其中，耶利内克的《公法权利体系》一书对于推动德国公法理论的进步起到重要作用，对世界各国对于公法理论的研究起到深远影响。耶利内克将公法权利界定为以特定利益为目

[1] 参见秦天宝，段帷帷：《我国环境治理体系的新发展：从单维治理到多元共治》，《中国生态文明》2015年第4期，第72页.

[2] 参见孟春阳，王世进：《生态多元共治模式的法治依赖及其法律表达》，《重庆大学学报（社会科学版）》2019年第6期，第120页.

[3] 参见沈洪涛，黄楠：《政府、企业与公众：环境共治的经济学分析与机制构建研究》，《暨南学报（哲学社会科学版）》2018年第1期，第23页.

的，由法律规范所确认和保护的人的意志力[1]。但此种界定很难从完全意义上与私法权利相区分，故其进一步指出，私法规范本质上对于个体自由法律行为的一种认可，即属于一种"可以"规范，即使是法律"不许可"的行为，个体也可以为之，只是丧失了请求司法救济的权利。而公法规范本质是一种赋权型规范，是一种法律上的"能够"，当公法中使用"不能够"语境时，代表着个体不得为，公法中的"不能够"不能被逾越。耶利内克的公法意志能力以特定利益为实现目的，该特定利益在私法上通常表现为请求权，公法权利也与此类似。以法律关系为基础，公法请求权体现了公民与国家的不同法律地位。公民与国家的地位关系可以被划分为四种：被动地位、消极地位、积极地位和参与地位。不同的地位关系个体的公法权利不同。被动地位体现个体对于国家的服从地位，具体而言，国家通过法律规范设定禁令产生各类义务，个体需服从之。故在个体处于被动地位情况下，不支持个体的公法权利。后三种个体地位均支持个体的公法权利，即个体有权依据自由意志，为实现自身利益，要求政府为一定行为提供一定给付[2]。

耶利内克的公法权利理论以自由主义和个体主义为理论基础，该理论发展至今，已为各国学者充实完善。尤其随着公众参与实践的不断增多与公民社会的崛起，公法权利形态不再以私人利益为要义，公法领域的个体不以实现私益为目的，而选择通过积极参与国家治理维护公益屡见不鲜；可见，公法权利的目的不限于保护私益，公众参与权等公共性权利所保护的公共利益也应在公法权利的保护范畴之内。

环境法是确认和保障环境权利的法律，在环境法法律体系当中，环境权利是处于核心地位的概念。公众参与权无疑在环境权利语境当中处于枢纽地位。公众参与权是一系列权利的集合，包括环境知情权、公众环境保护参与权、环境表达权和环境监督权。一方面，上述各项公众参与权的子

---

[1] Georg Jellinek. System der Subjektiven Offentlichen Recht, bleudruck der2. Auflage Ttlbingen 1919, Scientia Verlag Aalen 1964, SS. 44-45.

[2] Georg Jellinek. System der Subjektiven Offentlichen Recht, bleudruck der2. Auflage Ttlbingen 1919, Scientia Verlag Aalen 1964, SS. 44-45.

权利，可以从功能上将其划分为公法的防御权能和受益权能。公众参与权的防御功能表现在权利人为维护环境利益免受侵害，得防御其他一切单位和个人包括国家。如当政府环境行政行为违法，侵害公民环境利益时，公民可提起撤销之诉，其司法审查的核心为政府环境行政行为的违法性。公众参与权的受益功能表现为国家为实现公民的环境利益，基于对公众参与权的保障义务，而进行相应的环境立法、执法和司法活动[1]。另一方面，公众行使公众参与权的目的从环境法视角出发，并不是维护公众的私益，而是为维护环境公共利益，这与环境法设置公众参与的目的相契合，基于保护私益的公众参与，其请求权的基础应为财产权或生命健康权，而非环境公共利益。环境法体系下的公众参与权与国家环境公权力的目的相一致，故公众参与权当具公法权利属性。我国以往环境法律规范的制定，因未仔细区分公众参与的利益基础与权利属性，导致片面强调公众基于私权请求权的参与，而忽视了公众基于公权请求权的参与。如《环境影响评价公众参与暂行办法》中，即是以建设项目是否影响公众人身、财产权益为中心进行制度安排与设计的。2018年的《环境影响评价公众参与办法》对上述偏差进行了纠正，在环境法律制度中体现了以环境公共利益为目的的公众参与。

（二）兼具自由权、社会权与程序权属性的公众参与权

公众参与权属于通过宪法确立的基本权利几乎已成为学界的共识，具体又惯常会被纳入自由权和社会权进行解读。其最为直接的法律依据是《宪法》第二条。同时，国家以正当程序保障基本权的理念加之公众参与的程序性特点，又可以对公众参与权进行程序性基本权利的解读。

首先，公众参与权具有自由权属性。《宪法》第二条明确规定人民有权通过各种途径和形式，管理国家事务，管理经济和文化事业，管理社会事务。据此，公民可以依据自由权参与国家行政行为，参与环境行政决策行为。其次，公众参与权具有社会权属性。社会权与自由权存在一定的互补性。随着给付行政时代的到来，仅依靠自由权的防御功能，已无法满足

---

[1]　参见张震：《环境权的请求权功能：从理论到实践》，《当代法学》2015年第4期，第25页.

社会对于国家积极给付义务的需要，故公众参与权又被赋予了社会权的属性。社会权与自由权的区别在于社会权不是防御和制约权力的，而是要求国家履行积极的给付行为的。公众参与权的社会权属性要求国家为公众参与环境行政制定相应的法律、法规及行政规范，保障公众参与权的实现。最后，公众参与权具有程序性基本权利属性。公众参与权的程序性基本权利属性的最为直接的宪法依据是《宪法》第三十五条，根据《环境保护法》第五十三条，公众参与权是一组权利的集合，包含了公众获取环境信息的权利、参与环境保护和监督环境保护的权利。这些公众参与权的子权利主要通过《宪法》第35条得以体现，此外，公众的监督权在《宪法》第四十一条中同样能够找到依据。公众参与权具有较强的程序性权利特点，其保障了政府行政决策的科学与民主。故国家负有以公众参与作为正当程序保障的内涵与技术的义务[1]，任何违反公众参与的程序性要求作出的行政决策，均是对科学与民主的侵犯，终将引致司法审查。

三、多元共治环境治理体系下公众参与权的法律价值

一项法律权利是否具有法律价值，关乎人们对于围绕该项权利而具体设计的法律制度是否能够产生期待以及该项权利的设定是否正当、是否具有法律目的以及是否能够产生理想图景[2]。公众参与权作为环境法领域的一项重要权利，自然具有其存在的法律价值。

（一）彰显环境治理中环境公平与环境正义

公平与正义永远是法律不懈追求的价值所在，环境法的利益衡量中，环境公平与环境正义同样是环境立法的价值基准。

环境公平源于社会公平，从环境法角度解读公平理论，可以将环境公平理解为在环境资源的开发利用与保护过程中，主体地位应是一律平等的，主体环境权利的分配与环境义务的承担应相匹配。其理想的环境法状

---

[1] 参见张牧遥：《论国有自然资源权利配置之公众参与权的诉权保障》，《苏州大学学报（哲学社会科学版）》2018年第1期, 第71页.

[2] 参见张文显：《法理学》（第四版），高等教育出版社, 北京大学出版社2016年版, 第249页.

态应达到任何主体的环境权益应得到充分有效的保障，并在环境权益受到侵害时得到及时救济；主体在未及时履行环境义务时，其行为能够得到纠正并受到相应惩罚。环境公平应包含三个层面的具体内容，即代内公平、代际公平和种际公平。环境不公平最集中的表现为代内不公平。在一国内部，不同的收入阶层、不同的种族、不同居住地区的居民之间，在环境利益的分配与环境风险的负担方面，体现出巨大差异。研究表明，低收入阶层、少数民族、贫困地区的居民，更容易受到环境污染的侵害，在环境权利义务的分配中，处于弱势地位。以美国为例，美国的环境公平始于民权运动，是反对歧视、争取平等公民权利在环境领域的体现，最具代表性的为美国华伦郡抗议事件。

1978年，美国爆发了一宗多氯联苯废弃液体非法倾倒案件，致使北卡罗来纳州14个地区出现严重污染。1982年，该州政府决定挖出多氯联苯污染土，并欲将其填埋于位于华伦郡黑人居民达84%的埃弗顿小区。该政府行为遭到小区居民的强烈反对，并由此爆发了大规模的抗议活动。此事件在美国掀起轩然大波，在民众的抗议和声讨中，美国政府展开了调查，并调整相关法律政策以促进环境领域的公平与公正。

美国的华伦郡事件虽是个例，却客观反映出在环境领域环境决策制定时产生的弊端。环境决策制定过程中，如仅由权威一方单方面制定，决策的过程与结果缺少广大公众的有效参与，这样的决策结果是不公平的。唯有确保每一位与环境利益相关的个人与群体，均能够实际参与到环境决策的制定、实施过程中，充分表达自身利益诉求，并能够保障这些诉求在环境政策中予以充分考虑及体现，决策的结果是在衡量了各类群体不同利益冲突后得出的合理结论，才能有效实现环境领域的公平。

环境正义与社会正义实质是一脉相承的，一个社会体系的正义，本质上依赖如何分配基本的权利与义务，依赖于在社会的不同阶层中存在着的经济机会与社会条件[1]。环境公平与环境正义在概念上貌似极为相近，易混淆，但究其本质，不难辨别其中差异。环境正义的要求要高于环境公

---

[1]　［美］约翰·罗尔斯：《正义论》，何怀宏，何宝钢，廖申白，译. 中国社会科学出版社1988年版，第7页.

平，环境正义带有抽象的理想主义色彩，环境正义是环境公平的终极目标；环境公平具有实际操作层面的技术要求，要实现环境正义，就必须通过公平地分配环境权利义务加以实现，故环境公平是环境正义的本质要求。自然环境作用于全人类，对于人类的影响是跨区域、跨时间的。故要实现环境正义，就必须采取措施取得最广范围内的人与人之间的合作与沟通，以求妥善处理环境污染、环境侵害带来的负面影响。围绕公众参与权进行的制度方面的设计，正是环境正义实现的有效路径。相关制度方面的设计保障了最广泛公众的环境信息的获取权利，拓宽了公众参与环境决策的渠道，保障了公众在环境权益受到侵害时的救济权利等，在这些围绕公众参与权进行的制度设计方面，参与的公众是处在平等的地位，权利义务的分配与保障是在平等层面加以设计，维护了不同利益群体的各种利益诉求。

（二）保障环境治理中自由与秩序的实现

美国法理学家博登海默将秩序定义为：在自然进程和社会进程中存在着的某种程度的一致性、连续性和确定性[1]。我国《法学词典》中将法律秩序解释为："由法确立和保护的人与人相互之间有条不紊的状态。"[2]在人类面前，并存着两种秩序，一种是社会秩序，一种是自然秩序，人类社会与自然界中发展的内在规律性即秩序的本质内容。据此，法所追求的秩序价值是调整人类社会关系的社会秩序意义上的价值。环境法作为新兴法律部门，以其独特视角重新审视法所追求的价值意义上的秩序，发现在社会领域之外，存在着不容忽视的环境秩序。环境秩序衍生于社会秩序，是一种能够将人类社会与自然联系起来的同时又具有超然地位的秩序。人类在关注人类社会存在与发展的同时，也要关注自然界的有序性，尽人类所能去保护自然。自由，就西文字意而言，指从约束中解放出来，或者说是一种不受约束的状态。自由广泛存在于社会生活的各个领域，学科间对自由的理解也不尽相同。从法学角度解读自由，应从法律与自然人的行为

---

[1] ［美］博登海默：《法理学：法律哲学与法律方法》，邓正来译，中国政法大学出版社1999年版，第219页.

[2] 《法学词典》，上海辞书出版社1984年版，第621页.

之间的关系角度进行解读。法不禁止即自由。著名思想家孟德斯鸠说过：
"自由并不是愿意做什么就做什么，在一个有法律的社会里，自由仅仅是
一个人能够做他应该做的事情，而不被强迫做他不应该做的事情。"[1]自
由与秩序的冲突是法的冲突中最基本的形式。在环境的开发与利用过程
中，人类一方面意识到要从自然的对立面走出来，人类社会要与自然界共
生共赢，另一方面，人类同样意识到，此种共赢秩序的建立，必然要求人
类要在环境法的制度范围内，即在环境法规定的自由范围内行使对自然的
开发利用权利。

　　法的自由与秩序价值，为环境法中公众参与提供了法理基础。人类对
环境资源的开发利用的自由需要法律来确认和保护，法律确认和保障人类
自然资源利用自由的方式方法之一即通过权利义务的设定来划定自由的范
围与实现方式。有效地参与到环境事务的治理中，是公民的自由在环境领
域的体现，通过环境法的公众参与将其固化为实定的权利，通过法律对公
民的环境自由权利加以确认和保护。同时，在确认权利的同时，法律通过
对公众参与环境治理的具体内容的规定、参与途径、方式方法的设定等，
对权利加以限定，并通过设定与权利相对等的义务，来彰显法律的公平与
公正。世界上没有无限制的自由，人类对于自然资源的开发与利用的自由
的权利是一种法律框架内的权利，权利的行使必须在法律范围内，唯如
此，权利行使的最终结果才能保证在环境领域的环境秩序有效建立。如公
众参与环境治理过程中，缺少程序性的保障机制，没有义务性的责任承担
机制，人们滥用公众参与的权限，将导致环境领域的无序。即在环境资源
的开发与利用过程中，人们行为的规则性和进程的连续性被打破，结构的
有序性被混淆，直接的结果是偶然的和不可测的因素将干扰人们的行为，
故为了保护正常文明的环境秩序与人类生活秩序，在环境领域需要通过有
序的公众参与实现环境领域的有效治理。

---

[1]　［法］孟德斯鸠：《论法的精神》（上），张雁深译，商务印书馆1961年版，第154页.

第二节　多元共治环境治理体系下公众参与权的理论依据

公众参与是一个多学科概念，不同学科从各自学科特色出发均可对公众参与权进行解读，为其提供理论依据。在多元共治的视角下，为充分发挥多元治理主体的环境治理作用，鼓励各主体充分参与到环境治理中来，更需要从不同侧面为多元主体参与环境治理提供理论支撑。

一、公众参与权的理论前提

利益作为多学科概念，内涵和外延均延展甚广。在法学领域讨论利益，源于每个法律部门均以某一社会关系为自身调整对象，而对社会关系的调整实质是对利益关系的调整。法律以其独特的规范化表现形式——权利与义务的形式，释放自身对于利益的态度。权利意味着对于利益的肯定与支持；义务意味着对于利益的限制与让渡。法律的任务即对复杂、多元的各种利益冲突进行调控，衡平利益关系。

（一）利益均衡理论

将利益概念引入法学，运用利益分析的方法进行法律调控，始于德国法学家菲利普·赫克。作为利益法学的创立者，其所倡导的利益法学，形成于19世纪的德国，是在对当时占主导地位的概念法学的批判中建立成长起来的。概念法学的研究重点在于作为法律规范基础的法概念，致力于建立科学、严谨的法概念体系；利益法学的研究重点在于法律对于生活的影响。利益法学认为利益是生活的组成部分，各种生活利益是相互竞争的，利益表现为人们在社会生活中的各种"需求"，此种"需求"不局限于物质需求，即不仅仅等同于物质利益，"利益"一词应有更为广泛的含义，含有人类的最高利益及道德和宗教的利益，这才是法学意义上的利益应有之意。赫克所倡导的利益法学作为一种法学方法论，旨在为法官审理案件、适用法律时提供应遵循的原则。利益法学没有给出具体的利益等级，即法官应按照怎样的利益位阶来进行判断，但是，利益法学强调，制定法存在漏洞，此种漏洞需要由法官在诉讼时予以补充，而法官在诉讼过程中无疑要面临相互冲突的利益关系，据此，法官在填补制定法漏洞时就要运用利益划分原则，作出自己的价值判断。赫克认为，每一个法律命令都代表着一种利益冲突，法律本质上是建立在对立利益的相互作用之上，制定法无疑是获胜利益的代表，失败利益的力量决定了法律规范的具体内容及目的满足程度。利益法学因适应了法律与社会发展需要，在当时产生了很大影响，但是，终究受利益衡量的限制，如何对社会生活中存在的复杂、多元的利益进行识别与衡量始终是利益法学无法逾越的难题，这也为法律的社会学转向提供了契机。

美国社会法学家罗斯科·庞德则将利益界定为："一种要求或期待，其以个体或组织形式为载体；因而利益也就是通过政治组织社会的武力对人类关系进行调整和对人们的行为加以安排时所必须考虑到的东西。"庞德认为，法律的任务就是调控各种利益，他将法秩序内的利益进行了划分，并细化了法律调整利益的步骤。利益划分为个人利益、公共利益和社会利益，法律调整各种利益冲突的步骤为对各种利益的承认、界定与保护。在多元化复杂的利益关系中，庞德最为关注的是社会利益。"作为人与人之间关系的调整，其目的是为了维护社会利益，即为了维护在文明社会中从社会生活角度所提出的愿望与需求。"[1]他认为人自身蕴含两种本性趋向："一方面是相互合作的社会本性，另一方面是自我扩张的个人主义本性。"[2]个人主义本性驱动人自我膨胀，为满足自身需求可以无视甚至牺牲他人利益，私益的实现是个人主义的终极目标；社会本性将人定义为社会人，作为个体的人不能脱离社会而单独存在，故人为实现其认同的共同目标，需与他人合作，在相互协作中实现共赢。法的任务就是在人的个人主义本性与社会本性间，控制人的个人主义本性，使人的社会本性得

---

[1]　〔美〕罗斯科·庞德：《通过法律的社会控制、法律的任务》，沈宗灵，黄世忠译，商务印书馆1984年版，第83页.

[2]　参见沈宗灵：《现代西方法理学》，北京大学出版社1992年版，第290页.

以发挥，占据优势，进而实现社会利益。

（二）公众参与权以正当利益间的权衡为前提

法学的利益分析方法为我国环境法学者所关注始于21世纪初期。在环境法领域对利益进行分析，多数学者倾向于将利益划分为经济利益与环境利益。经济利益和环境利益两种利益均属于正当利益，公众参与的前提是应对该两种正当利益间的利益权衡。我国1989年《中华人民共和国环境保护法》第一条规定："为保护和改善生活环境与生态环境，防治污染和其他公害，保障人体健康，促进社会主义现代化建设的发展，制定本法。"可见，在经济发展与环境保护两者之间，我国最初是期望两种利益得以兼顾的。在经济发展初期，一方面，快速的经济发展给人们带来物质财富的巨大增长，但是，另一方面，经济的快速发展又给生态环境造成难以弥补的破坏。人们为了应付日益严重的环境问题，希望借助法律的权威性和强制性来矫正经济运行中的不当行为，尤其是对于生态环境的破坏行为，试图将经济发展与环境保护两者结合，融合为环境立法的目的。但令人沮丧的是，由于环境法的立法目的表达了强烈的对于经济发展的追求，故在法律实施过程中，一旦遇到经济发展与环境利益相冲突，难以衡平时，一般均会采取放弃环境利益，优先考虑经济发展的做法。此种环境立法目的的"兼顾"状态，非但没有达到制定法的预期，反而对环境法的实施产生了负面影响，更是直接造成了对生态环境的保护不利。2015年《环境保护法》对此作出了修订，重新定位了我国环境法的立法目的。依据该法第一条："为保护和改善环境，防治污染和其他公害，保障公众健康，推进生态文明建设，促进经济社会可持续发展，制定本法。"同时，该法第四条规定："经济社会发展与环境保护相协调。"2015年《环境保护法》较之1989年《环境保护法》有重大突破，在经济发展与环境利益两者间，法律在进行利益选择时的定位发生了改变，更加强调立法对于环境的整体保护。第一条立法目的的三处明显修改[1]，将环境法的立法目的提升到了生

---

[1] 一是用"环境"代替了此前的"生活环境与生态环境"，二是用"公众"替代了"人类"，三是将之前的"促进社会主义现代化建设的发展"修订为"推进生态文明建设，促进经济社会可持续发展"。

态文明和可持续发展的高度，同时，第四条将经济社会发展与环境保护的顺序对调，体现了国家将以发展优先的理念转变为以保护优先。

环境利益属于社会公共利益，以环境法律关系为调整对象的环境法因而在本质上应具有公法性质，规制的是集体行为，保护的是公共利益，形成的是公共决策，行使的是公共管理权限，而在这整个过程中，公众参与势在必行。公众参与的目的在于对多元化、多层次、多结构的利益进行识别并促进衡平，将环境法领域的利益独享、分享转化为共享；将利益的独惠、特惠转化为普惠；将环境责任由独担转化为共同承担；将利益的竞争转化为利益的竞合[1]。

二、公众参与权的理论依托

公共信托理论蕴含着三个核心要素：信托财产，即环境资源；政府义务；社会公众权益。公众的公共信托利益体现在信托财产即环境资源上，政府义务的主要内容应是保护、合理利用和有效管理自然资源。自然资源具有公共物品属性，不具有排他性，对于自然资源的使用、支配和管理，必须有公众的参与。

（一）公共信托理论

公共信托理论的历史源头是古代罗马法上的公众共用物概念[2]。罗马法将物划分为财产物与非财产物，划分标准为物是否能为个人所有，成为个人所有权的客体。财产物指能够为个人所有，个人能够基于所有权行使各项所有权权能的物；非财产物指不能被个人所有，个人无法行使所有权各项权能之物，非财产物按其性质和作用的不同，又可分为神法物和人法物，人法物中有关公有物和共有物的相关规定构成了公共信托理论的源头。共有物指为人类共同享有，不能为个人排他独占之物，如空气、日光、海洋等；公有物指为罗马市民共同享有之物，从权属上看，公有物不

---

[1] 参见李启家：《环境法领域利益冲突的识别与衡平》，《法学评论》2015年第6期，第137页.

[2] 参见蔡守秋，潘凤湘：《论公众共用物的法律起源》，《河北法学》2016 年第 10 期，第31页.

能为私人所有，权利主体为国家，如公路、河川、公共体育场等。人们可以自由利用公有物和共有物，国家只在作为公共权利的管理者或受托者方面享有权利。当有人妨害自由利用时，司法部长可以发出排除妨害的命令以保护共通利用权，也可以根据侵害诉讼而对妨害人处以制裁[1]。可见，公共信托理论从诞生之初即蕴含着对社会公共利益的利用与保护，故其是一种强调公众对于公共自然资源的利用的法律理论。

东罗马帝国覆灭后，共有物和公有物的概念传入西方各国。英国继受了该思想并进一步发展成为普通法上的公共信托理论。依据该理论，国王是自然资源名义上的所有权人，但是，国王的所有权被附加诸多限制，其必须服从于公众的公共信托权益。如国王对于海岸的所有权"有，而且自古就有允许其臣民为了行使特定权利而出入的义务，这些特定权利包括捕鱼、从事贸易活动以及其他臣民要求和已经实施的利用方式。这些权利由普通法及为数众多的有关渔业、税收和公共安全的国会法令以各种方式修正、完善或限制……"。可见，英国公共信托理论下，信托受益人是普通公众，而不是英国王室。

（二）公众参与权以信托财产的公共属性为依托

如果说公共信托理论在罗马法与英国法中的应用与发展是一个相对缓慢和原始的状态，那么美国独立战争之后，公共信托理论引入美国并取得飞速发展。美国是实行共和制的国家，其特点是三权分立，区别于英国君主立宪制的显著特征是美国没有国王。公共信托理论就由原始的对于国王所有权的限制转为对于政府权力的限制。美国最著名的有关公共信托的案例，被美国密歇根大学萨克斯教授誉为"美国公共信托法的指导原理"的 Illinois Central Railroad Company vs. Illinois 一案中，由于伊利诺伊中央铁路公司未给本州人民带来任何信托利益，故伊利诺伊州政府撤销了将一大片淹没地转让给该公司的授权。主审法院阐释如下："我们已经表明，依照普通法，州政府持有对潮汐地的所有权，同样州政府持有密歇根湖可航行水域中土地的所有权……这种所有权是州政府受州全体人民信托所持有

---

[1] 参见汪劲.《环境法律的理念与价值追求》，法律出版社2000年版，第238页.

的，州全体人民享有在可航行水域通航的权利，并且享有在这块水域捕鱼的自由……政府为了公众利益而持有公共信托自然资源，政府只能通过管理和控制公共信托财产本体来履行公共信托义务。财产本体的转让并不能导致政府公共信托义务的消除。为了公共信托的目的而管理和控制公共信托财产本体的义务永远不能丢弃。"[1]可见，公共信托理论蕴含着三个核心要素：信托财产，即环境资源；政府义务；社会公众权益。公众的公共信托利益体现在信托财产即环境资源上，故政府的信托义务应旨在维护公众的信托权益，即政府义务的主要内容应是保护、合理利用、有效管理自然资源。

我国的政治、经济体制与英美普通法国家存在明显差异，但是不可否认的是，对于公共自然资源的利用上，都存在着一个共识：即环境资源应当由公众共享。在运用公共信托理论分析解读我国生态环境领域的公众参与时，有必要对信托财产即自然资源的权属进行前提性分析。根据我国《宪法》第九条规定，我国自然资源分为国家所有和集体所有两大类。用公共信托理论分析我国《宪法》中的自然资源所有权，会发现国家所有和全民所有两者并非等同，有着不同的内涵和意义，彼此既紧密联系，又相互制约相互促进。自然资源归国家所有，可从公共信托制度下的普通法所有权角度予以解读。国家对于自然资源享有所有权仅是一种抽象名义上的所有权，这种所有权的实际行使需要借助各级地方政府的具体行政行为，而中央或地方政府之于自然资源之上的行政行为，更多地体现为一种持续的对于自然资源即信托财产的管理权。此种权力不可放弃，而且必须出于公益目的即保障自然资源的合理利用行使。自然资源归全民所有，可从公共信托制度下的衡平法所有权角度予以解读。公众对于信托财产即自然资源的所有权突出地表现为一种公共地役权。正如彭诚信教授所言："全民所有对于宪法上的国家所有权至少有四项价值：其一，要求宪法保证公民的参与。其二，要求宪法确立能够代表全民的主体。全民作为权利主体可

---

[1]　Kenison H, Buchholz C L,Mulligan C P, "State Action for Natural Resource Damages: Enforcement of the Public Trust", Vol. 17: 11, *Environmental Law Reporter* (1987)：10434.

能不太清晰，如果要在宪法意义上寻找一个主体替代全民的话，最合适的就应该是主权意义上的国家。其三，正因为它代表全民，在自然资源的归属和利用问题上，就需要考虑如何保障全民的利益。其四，围绕保障全民的利益，就需要考虑如何限制自然资源的分配（包括确立权属）和利用。"[1]从自然资源双重所有权的角度分析，国家对于自然资源的普通法意义上之所有权的设立目的在于积极保障公众对于自然资源的衡平法意义上之所有权，公众衡平法所有权的行使一定程度上规范了国家普通法所有权的行使。故一旦国家在生态环境领域的相关行政行为违反了保障自然资源合理利用的目的，应允许公众以另一所有权者身份介入，以法律规定的途径和方式对国家的环境立法或环境行政行为提出意见或建议，纠正国家行政行为的偏差或错误。

三、公众参与权的理论支撑

环境治理理论经历了一个不断发展完善的过程，20世纪80年代以来，居于主导地位的是社会治理理论。该理论主张通过民主协商、合作治理、社会参与来解决环境治理风险。积极引导公民、企业、社团等自治组织共同参与到环境治理中来，构建政府与多元主体间的信任关系与合作模式，既能有效发挥政府的权威性、公共性，又能充分调动市场的高效性与公众的参与积极性，成为公众参与权的有力支撑。

（一）环境治理理论

英文中的治理一词，原指控制、引导和操纵。其与统治一词在很长一段时间内，在国家公共事务管理活动和政治活动中是交叉使用的，且使用范围相应局限于这两个领域。随着经济社会的不断进步，自20世纪90年代以来，治理一词被赋予了新的涵义，适用范围也突破了国家政治活动和公共事务管理领域，延伸到社会生活的各个领域。

治理理论创始人之一詹姆斯·罗西瑙将治理与统治做了重要区分，认

---

[1] 参见彭诚信：《自然资源上的权利层次》，《法学研究》2013年第4期，第64页.

为治理的内涵较之统治而言更为丰富。治理指的是由一种共同目标支撑的活动，体现为活动领域内的一系列管理机制，这些机制在运行过程中可能未必被授权，但是却会发挥极大的实际效用。在管理的主体方面，不仅局限于国家或政府，也不是必须以国家强制力保障实施[1]。治理理论的另一位先驱人物罗茨认为：治理意味着"统治的含义有了变化，意味着一种新的统治过程，意味着有序统治的条件已经不同以前，或是以新的方法来统治社会"。对治理理论的发展脉络进行梳理，并结合我国环境治理实际，发现环境治理主要经历了三个发展阶段，每个阶段均由占据主导地位的治理理论指导。20世纪50年代至70年代，占据主导地位的为环境国家干预理论，代表人物有加尔布雷思、米山、鲍莫尔和奥茨等，他们的主要观点为基于市场的缺陷性及环境的外部性特征，国家干预是必要的。这个时期，西方工业化国家公害发展和泛滥，生态环境遭到严重破坏，环境问题演变为社会政治问题，公民环境诉求具有很强的政治色彩，在这个阶段中，由于环境的公共物品的属性及特征，及环境消费的"非竞争性""非排他性"特点，市场机制的作用很难得到充分发挥，故此阶段，西方工业化国家多采取政府干预的手段，推行"命令—控制"方式进行环境治理，具体通过立法、执法、司法的法律机制及政策工具进行干预。以法规或禁令明确禁止环境危害行为，对于环境污染的制造者进行法律制裁，将环境污染的事前法定与事后矫正、惩治有效结合。20世纪70年代、80年代，占据主导地位的为环境市场自由主义治理理论。环境市场自由主义理论有两大理论支柱，分别是"庇古税"[2]和"科斯定理"[3]。环境市场自由主义强调通过市场自身的竞争、激励机制，促进企业环境污染成本内部化以避免企业环境污染行为的发生。以排污权交易为例，政府在满足环境要求的前提下确定污染物排放总量，在总量范围内，允许企业间污染物排放权利可以

---

[1] 参见罗西瑙：《没有政府统治的治理》，剑桥大学出版社1995年版第5页.

[2] 庇古在其著作《福利经济学》中提出，可以通过对那些有外部性的活动征税来使外部行为内部化，故用于矫正负外部性行为的排污税又称为"庇古税".

[3] 在产权得以清晰界定、交易成本为零的条件下，交易双方可以通过谈判的方法来实现资源的有效配置，并使外部行为内在化.

像商品一样进行自由买卖，排污权交易促使企业不断更新现有技术手段，降低企业排污成本，通过价格变化达到政府减排目的。这种将企业生产过程中产生的污染问题交由企业自身通过竞争与交易自行解决的方式，实际上起到了将环保意识引入到一个竞争主体共赢的策略中，政府只负责监督与保障，此种方式在一定程度上促进了经济发展，同时对环境保护起到了积极作用。20世纪80年代以来，占据主导地位的是环境社会治理理论。该理论主张通过民主协商、合作治理、社会参与来解决环境治理风险[1]。政府对于环境的治理与调控由传统的直接管理转向间接管理，此种角色的转变，不意味着政府退出公共服务领域及相关责任的转移，而是政府由公共服务的唯一提供者转向更多地从事中介、服务者的工作，减少了政府的多重任务。与此同时，积极引导公民、企业、社团等自治组织共同参与到环境治理中来，构建政府与多元主体间的信任关系与合作模式，既能有效发挥政府的权威性、公共性，又能充分调动市场的高效性与公众参与的积极性。环境社会治理理论借助信息披露制度、技术条约、自愿协议、环境标志与管理等手段，强调多元主体的沟通、交流与互动，在相互合作、寻求共赢中实现环境治理的良性发展。

（二）公众参与诠释"工具理性"与"价值理性"的统一

公众参与在多元共治环境治理体系内，一方面，为多元主体当中的公众主体参与环境治理提供了可能，另一方面，它也可与其他政策性工具相互配合，融合于国家环境治理框架内，发挥其内含的工具性价值。

公众参与作为环境治理工具的意义，诠释了"工具理性"与"价值理性"的统一。从政府治理的角度，公众参与环境治理，建言献策，并将公众掌握的信息和资源与政府共享；公众对于通过参与过程产生的决策难以产生抵触情绪，易于接受，当政府及时回馈公众需求与建议时，公众对于政府的认同感将增强。上述公众参与行为能够节约政府环境治理的成本，同时提升政府环境治理的能力。从企业生产的角度，公众参与同样具有工

---

[1] Joshi S, Krishnan R, Lave L, "Estimating the Hidden Costs of Environmental Regulation". Vol. 76: 2, *Accounting Review*（2001）: 171-198.

具效应。企业生产以终端的消费为导向，倡导公众绿色出行、绿色消费，将引导企业生产以绿色发展理念为导向；公众对于企业的污染行为的监督，相较于政府会更为及时和客观。故公众参与能够促使企业革新生产技术，实施绿色生产。从社会角度，公众参与能够形成良好的生态文明建设的氛围，公众通过参与环境治理获得认同感与提升参与意识，同时公众的主人翁意识也将逐渐增强；以环境治理为切入口，引导公众广泛参与，最终有助于社会主义民主法治建设，同时可有效化解社会矛盾。

公众参与是环境治理的重要工具，实践表明，虽然公众个体的参与有时会出现无序现象，但是，组织化的公众参与均表现出行为的理性；环境具有普惠性，无论从维护私益还是维护公益出发，公众没有理由恶意破坏环境。相较于其他治理工具，公众参与为各方主体提供了一个渠道进行交流与沟通，与其他环境治理工具互为补充，共同服务于生态文明法治建设。

四、公众参与权的原权

公民环境权作为一项基本人权，被认为是公众参与权的原权。公民在环境法上的权利义务是公民环境权的主要内容，这些权利构成公民环境权的具体的子权利或派生权。其中，公众参与权即是公民在我国环境法上的一项基本权利，成为环境权的子权利或派生权利。

（一）公民环境权理论

公民环境权理论是环境法的基石。传统法律制度的建构是以保护私人所有财产权利为核心的，而当私人财产权利威胁到人类共同的生存与发展需求时，传统法律制度构建的权利体系就显得苍白无力。公民环境权作为一项权利的提出，是随着环境问题的产生与发展催生了现有社会利益巨大冲突的结果，是对现存社会各种利益衡平的结果。

在当代社会权利法定的法治背景下，环境权只有被赋予合法化的地位，才能得到有效保障，国家也才能以此为法律依据承担环境行政管理相关职能。而纵观环境权的发展史，其作为一项法律权利被正视，始于20世纪60、70年代，可以说起步较之其他权利要晚。20世纪60年代，原西德一位医生认为，向北海倾倒放射性废物的行为是对《欧洲人权条约》中有关保障清洁卫生环境规定的严重违反，进而引发了欧洲关于是否应在欧洲人权清单中加入环境权的大讨论。在欧洲对环境权的讨论如火如荼展开的同时，北美洲的美国也同时针对环境权展开了一场举世瞩目的争论，争论的焦点在于公民要求享受良好生活的环境权利的法律依据是什么？两次围绕环境权利的大讨论，将环境权问题推到前所未有的高度，引起世界范围内的广泛关注，也直接促使联合国于1972年召开第一次人类环境会议。在这次会议上，环境权被普遍接受，并在《人类环境宣言》中加以明确确认。将环境权作为一项新的人权加以规定，被视为是继法国《人权宣言》、苏联宪法、《世界人权宣言》之后人权历史发展的第四个里程碑[1]。

实际上，伴随着环境权产生并一直存在着的，是有关环境权是否成立的争论。有学者一直对环境权持否定看法，认为环境权概念模糊，具体权利内容不明确，现有对于环境的保护虽然缺乏法律依据，但是不必要另行设定环境权，只需要通过扩大传统民事权利中的财产权、人格权的权利范围和权利保护方式，以及对民事侵权理论加以更新，扩大侵权保护的对象范围，即可实现在现有理论基础的框架内，通过内部的权利理论的更新，实现对环境的法律保护。持肯定观点者则认为，传统法理的过度扩张，会破坏原有理论体系的完整性，而且可能因此而以偏废全，导致更大的弊端。因此不宜加以扩大，而环境权概念，可以依靠科学技术方法，通过确定各种环境标准，作为法律保护范围的根据[2]。笔者认为，对环境权予以承认更为妥当，也符合现实生活对法律体系完整性的要求。

首先，人类的生存离不开健康的环境，而环境的组成要素空气、水、土壤等却因其无法被人支配和控制的自身属性而不能成为传统意义上财产权利的客体，环境权恰恰解决了这一问题。环境权的客体为人类赖以生存的整体环境要素，既包括自然环境要素如土壤、阳光、空气等，也包括人为环境要素，如公园、社区等，甚至基于地球的完整性，地球之上的整个

---

[1] 参见奥平康宏，杉原泰雄：《宪法学：人权的基本问题》（日文版），1977年版，第60页。
[2] 参见邱聪智：《公害与环境权》，《法律评论》1976年第1期，第8页。

生物圈如臭氧层等也属于环境权的权利客体。只有明确这些环境要素能够成为环境权的客体，属于环境权的保护范围，人们在其环境权利遭受破坏时，才能通过法律手段予以保护，国家行使环境保护职能才有法律依据。其次，地球只有一个，地球上的环境资源属于人类共有，而且此种共有应为代际共有，即人类应为自身及身后人的利益而合理开发和使用环境资源，故环境权的主体为人类共同体，包括当代人及后代子孙。再次，传统人身权和财产权作为私权利存在，从法律保护的角度来看，是绝对神圣不可侵犯的，任何人不得非法剥夺他人财产及对他人人身加以侵犯。但是，就环境问题而言，人类要生存和发展，在无法摆脱环境的同时，必然要作用于环境，在合理范围内对环境的开发、利用和改造是环境权所允许的，只要此种利用没有超出环境的自净能力。这与传统财产权和人身权的要求是完全不同的。最后，传统对于财产权、人身权的侵害，受害人在通过侵权行为之诉对自身权利进行保护时，往往负有相应的举证证明的责任，其中，必须证明的事项包括损害事实的存在，而在环境侵权中，环境损害的事实一是难以发现，因为环境损害通常是一个由量变到质变的过程，这一过程周期长，在量变过程中基本无法被发现；二是难以举证，何种程度的损害属于法律认可的损害程度，需要专业机构的认证和具备专业知识的人的辨别，普通的自然人举证难。这些都是传统财产权和人身权无法解决的问题。故环境权从权利保护的角度看，由于环境一旦被破坏将无法修复，环境损害的不可逆性，决定了对于环境的保护防患于未然的意义更大于事后的救济。

基于上述几方面的考量，笔者认为环境权确有存在之必要。环境权是人类固有权利之一，在人类产生之初即存在，既是一项自然权利，也是一项法律权利，该权利内容伴随人类社会产生而产生，只是权利内容未以法律形式明确化，但不能否认该权利的存在。

（二）公众参与权源起于公民环境权

公民环境权作为一项基本人权，其权利内容随着社会文明的进步而不断完善。根据环境权理论与相关国家环境立法的实践，公众参与权是公民环境权必不可少的一项内容。

允许公众参与国家环境事务的管理，实际上是民主权利在环境领域的体现[1]。环境资源属于社会公共资源，环境利益具有普惠性，环境问题具有公害化，上述特点决定了公众应当也必然要参与环境治理，这是人权保护的必然选择，使公众的环境利益免受政策偏向之影响。参与权的确立，实际上是通过公众参与，建立一种沟通各个利益集团的谈判和协调机制，识别各类利益，尽可能均衡不同利益，以减少在环境治理过程中因环境利益冲突而引发的社会矛盾，进而推动环境保护法律制度的实施。

第三节　多元共治环境治理体系下公众参与权的现实推动因素

公众参与权之所以正当，具有价值，人们可以对其产生期待，并以此为基础建立相应法律制度，除基于上述理论证成外，还概因公众参与权在实践中已具备一定的现实的条件。我国改革开放至今，随着计划经济体制向市场经济体制转变，社会主义核心价值观的形成到生态文明建设的提出，党中央凝聚全国之力量力求建设美丽中国，在这个过程中，无论是行政力量还是社会力量均积极投身到"绿水青山就是金山银山"的建设中。

一、政府职能的转变

20世纪70年代末开始，随着全球经济飞速发展，各种经济要素进入市场分配领域，多元社会主体要求参与社会治理，原有政府职能在经济调控领域、社会管理领域等均表现出不同程度的治理疲态，各国纷纷兴起不同程度的政府职能转变的治道变革，这其中，虽采取具体变革措施不尽一致，改革名目莫衷一是，但是，改革的本质都不约而同立足于重新定位政府职能，将政府从事无巨细均亲力亲为的大管家角色中抽离出来，代之以

---

[1]　参见李艳芳:《环境权若干问题探究》,《法律科学》1994年第6期, 第63页.

"掌舵人"、宏观管理者身份。

（一）由"管理"向"治理"的转变为公众参与提供契机

我国在世界范围内治道变革的浪潮中，也开始了寻求自身破解政府职能失灵的举措。自20世纪70年代末改革开放伊始，我国政府职能开启了一条渐进的改革之路，尤其是在环境问题进入人们视野，成为全球问题备受关注后，在可持续发展达成各国共识后，在环境治理问题上，面对日益严峻的环境问题，我国政府也采取了积极措施转变政府在环境治理方面的职能。围绕全球环境问题调整自身工作重心，调整治理手段及经济发展方式，努力转变政府角色，政府正从微观管理向宏观管理转变，从直接管理向间接管理转变，政府职能由"管"为主转向以"治理"为主。在环境治理过程中，政府将传统治理模式下的包揽一切的做法转变为还权于社会，让公众参与环境治理。在营造良好的生态建设氛围、不断满足人们对良好生活环境的需求方面取得了显著成效。

我国政府职能的转变，在不同的时期体现出了不同的时代特点与政府职能转变的重心。改革开放初期至21世纪初期，随着经济的快速发展，来自于政府的约束和压力抑制了经济的发展，需要变革政府对于经济的调控，开启了政府职能转变之路；我国加入WTO后，围绕WTO对于政府的要求，政府职能转变在新的条件和背景下继续推进；至十六届三中全会，我国政府首次提出建设"服务型政府"的目标，人们逐渐开始关注政府作为公共服务的供给者身份，关注政府在公共服务领域的职能；党的十八届三中全会更是直接提出"国家治理体系和治理能力现代化"的重大命题，将政府职能转变纳入国家治理能力和治理体系的建构框架中。在国家治理现代化背景下，政府应把促进社会公平正义、实现公共利益最大化的善治作为价值取向，构建公民、市场与社会共同参与的治理型政府，强调多元治理主体间的协作共治[1]。十八大以来，基于改善现实环境状况的需要及环境资源稀缺性和公共产品属性的特性，党和政府针对环境问题作出了一系列新的举措和部署。最引人注目的是十八大报告首次提出经济建设、政治建设、文化建设、社会建设、生态文明建设的"五位一体"战略布局。将生态文明建设提升到前所未有的高度，同时，意味着政府的环境职能即政府应对和解决环境问题、向公众提供生态环境服务、保护和促进环境可持续发展的职能，是独立的政府职能，不隶属于其他政府职能。十九大报告中，同样关注政府职能转变，强调要继续推进政府职能转变，深化简政放权，创新监管方式，增强政府公信力和执行力，建设人民满意的服务型政府。同时，十九大报告指出，要打造共建共治共享的社会治理格局。加强社会治理制度建设，完善党委领导、政府负责、社会协同、公众参与、法治保障的社会治理体制，提高社会治理社会化、法治化、智能化、专业化水平。

（二）职能转变的内容拓宽公众参与的空间

1. 政府角色转变

在党中央提出要提升国家治理水平，实现国家治理现代化的要求后，政府角色面临进一步转换。随着社会与市场两类主体的不断成长与成熟，政府与这两类主体的关系也在不断发生变化。政府更多地承担着制定、优化制度安排，协调各方主体共同参与社会治理，约束和监督各方共治的治理责任。

在这个过程中，政府对待市场的态度，从最初的全面控制，到间接干预，再到治理现代化背景下的"服务者""合伙人"的角色，摒弃原有制度施加政府之上的枷锁，政府活力得到释放，在新时代的政策强调市场在资源配置中的基础性作用的前提下，政府作为制度红利的提供者，需要运用宏观调控手段，为经济运行保驾护航。在政府与社会的关系方面，经历了从最初的社会不起作用的"零社会"，到政府强、社会弱再到现在的政府和社会双强局面。在企业与社会组织强势爆发，成为城市治理主体的情况下，政府更多地发挥各种利益的协调者的角色，在多元共治的现代化治理体系下，政府一方面要自我约束，避免行政权一家独大，越权行政；另一方面，又不能完全退居幕后，放任各主体自行治理，政府仍然要在治理体系中居于主导地位，转变角色定位，提升共治水平。

2. 职能范围的转变

为正确处理好政府与市场、社会的关系，政府职能范围需要重新界定与划分——继续抓好政府应当管理且有能力管理好的领域，退出政府不该管且没有能力管好的领域。

我国政府职能深受传统计划经济体制影响，一直是全能政府的形象。政府职能范围覆盖经济制度体系与社会管理各个方面。新时代新背景下，顺应中央顶层政策要求与时代发展需要，政府职能范围发生变化，逐渐走出了一条政企分开、政资分开、政事分开到政社分开的道路。市场经济体制下，政府职能被明确界定为"经济调节、市场监管、社会管理和公共服务、生态环境保护"：在经济调节方面，政府不再以行政手段干预经济发展，而是充分尊重市场资源配置基础性作用，政府仅通过宏观调控手段间接对经济发展保驾护航；在市场监管方面，明确政府与市场的关系，政府做到不越位、不缺位、要到位，通过法律规范、经济政策的制定与合理运行，保障各市场主体的权利义务关系明确，保障市场的高质量运行；在社会管理方面，进一步放宽政府对社会管理的空间，引导、鼓励各社会主体参与到社会治理中来，提升社会活力，尤其放宽社会组织、民间组织的准入条件，使其能够充分融入到社会主义现代化建设当中，发挥更为有效的作用；在公共服务方面，在理顺中央与地方政府的职权范围基础上，重点突出地方政府在社会公共服务领域的主体作用，服务型政府的建设，是国家对新时期政府的要求，更是民众对政府的期望，政府尤其是地方政府要将政府关注点更多的集中在社会公共服务领域，为民生的改善，社会满意度的提升，人民幸福指数的提升贡献力量；在生态环境保护方面，环境治理是社会治理的重要组成部分，随着国家治理体系现代化的提出及环境问题日益严峻，我国政府正在积极有效地推进政府治道变革，解决政府环境治理职能的"错位"和"缺位"问题，在治理体系中引入社会治理因素，加强社区治理体系建设，调动社会组织及公众参与环境治理的积极性，力求实现政府治理和社会调节、居民自治良性互动。

（三）职能转变的方向契合多元共治环境治理体系的建构

自20世纪80年代以来，我国政府职能不断发生变化，逐渐由全能型政府转变为服务型政府，并正在以"国家治理体系和治理能力现代化"为目标导向进行政府职能的再定位。总结我国政府职能转变过程中的经验教训，探讨未来政府职能转变的方向，有助于实现政府治理体系现代化，更有助于推进国家治理体系及治理能力现代化。

首先，进一步优化政府职能结构。层次清晰的政府职能谱系是法治政府建设的前提，是政府治理体系现代化的必然要求。对政府的职能等级与职能内容进行分解与重构，避免出现多头监管或职能空缺现象。以整体治理理论统筹整体政府建设，注重以整合、协同方式提升政府行政效能，增强整体合力[1]。力求在组织结构的设计上"政策制定与行政管理相分离"，达到各行政部门行政权限边界清楚，职能独立，既能相互聚合形成合力，又能分而各自独立行使行政权限。其次，以服务导向明确政府职能属性。政府行政决策的作出，要以"人民需要"为出发点，以"人民满意"为终结点[2]。据此，政府职能属性转向社会管理和公共服务，当然，政府在行使社会管理和公共服务职能时，有必要区分哪些事项属于政府行政职权范畴，哪些事项可以由社会自我管理，自我协调，通过政府职能属性的明确，提升社会共治能力。最后，推进政府职能转变的法治化。法治导向强调政府要依法行政，依照法定行政权限和法定行政程序履行职责。同时，在党全面依法治国，建设社会主义法治国家背景下，更进一步要求政府履职结果和施政效果层面的法治化，从而避免行政越权或职权滥用现象。

二、公众环境意识的觉醒

公众对于自身赖以生存的生态环境的认识水平，对于自身及他人环境损害行为的态度及自身保护环境行为的自觉程度，能够反映出一个国家公

---

[1] 参见吴德星：《以整体政府观深化机构和行政体制改革》，《人民论坛》2018年第1期，第49—51页.

[2] 参见张立荣，姜庆志：《国内外服务型政府和公共服务体系建设研究述评》，《政治学研究》2013年第1期，第108页.

众环境意识的高低。一个国家或地区公众环境意识的高低，对一个国家或地区环境政策或环境法律的实施程度和效果有重要影响，公众环境意识的觉醒，意味着公众参与环境治理是否具备必须的社会心理基础。

（一）公众环境意识积聚公众参与的社会心理基础

以生态环境部发布的历年"12369"环保举报办理情况为依据，笔者统计了自2013年至2018年的群众环境保护举报情况，以此映射出我国公众环境保护意识的发展情况。据生态环境部公布的数据显示：我国2013年环境保护部共受理群众举报1 960件，其中大气污染为群众举报热点，占举报量的77%，河北省、山东省、江苏省为群众举报数量全国前3名；2014年环境保护部环保举报热线共受理群众举报1 463件，其中大气污染仍占重要比例，从地区分布看，中东部地区仍为举报重灾区；2015年新修订的《环境保护法》得到贯彻实施，国家加大环境保护的力度，环境保护部推出的"12369"环保微信举报平台覆盖了除西藏外的所有省市及40%以上的区县，截至2015年底，"12369"环保微信举报收到并办理公众举报13 719件，环境保护部"12369"环保举报热线受理群众电话及网上举报1 145件；2016年，各级环保部门采取重要举措推进全国环保举报数据联网，实现了各级"12369"热线电话、微信、网络等举报渠道整合和"国家-省-市-区县"四级数据互联共享，截至2016年底，管理平台共接到举报263 009件，其中电话举报185 919件，微信举报65 882件，网络举报11 208件；2017年，全国环保举报管理平台共接到环保举报618 856件，其中"12369"环保举报热线电话409 548件，约占66.2%，微信举报129 423件，约占20.9%，网上举报79 885件，约占12.9%；2018年仅12月一个月，即接到环保举报38 308件。以上数据充分证明，随着国家环保宣传力度的加大，公众参与环境保护渠道的拓宽，我国公众对自身生态环境权益的关注程度日益提升，公众环境意识已然觉醒。

公众是环境保护最核心的行动者，只有充分发动广大人民群众，提高公众的环境保护意识，才能从根本上推进环境治理现代化。唯公众环境意识提升，才能促使公众为维护自身环境利益或环境公共利益，从而积极主动地参与到环境保护和环境治理中来。

（二）公众环境意识推动环境民主进一步发展

公众环境意识的增强，无形中助推了民主主义理念的形成。公众的意愿和行动在环境治理中得到政府相关机构的关注与重视，公众逐步将自身诉求融入环境治理过程中，在环境问题的解决中发挥日益重要作用。以圆明园湖底铺设防渗膜事件为例。圆明园湖底为砂石质，特别容易渗水，故圆明园每年需要从玉泉河补水，耗费巨大，即便如此，圆明园水面还是经常干涸。针对此种情况，自2003年8月开始，圆明园开始了大规模的环境整治工程。2005年2月，圆明园湖底防渗工程启动。该工程引起了兰州大学张正春教授的高度关注，张教授对此提出质疑，认为这项工程会破坏生态环境，并通过《人民日报》将该工程公布于众。此事件一经公布，引起了社会各界强烈反响，越来越多的环保人士、生态保护专家甚至普通群众加入到质疑的队伍中来，群众的呼声得到了北京有关部门和国家环保总局的高度重视，并要求圆明园湖底防渗工程于2005年4月举行听证会。听证会当天，来自社会各界的代表120人和30多家媒体到场参加，参加的代表不分专业领域，有来自生态保护领域的专家，也有普通的下岗职工；不区分年龄阶层，据悉到场的群众最大的80多岁，最小的只有11岁；不区分居住的地域范围，既有在圆明园附近居住的居民，也有不远千里赶来的热心群众。国家环保总局在充分考虑了各方代表的意见并进行综合分析评判的基础上，于2005年5月向圆明园下达了补交环境影响评价报告书的通知，后清华大学承接了圆明园整治工程的环评工作，2005年7月，国家环保总局同意清华大学的环评报告书结论，要求圆明园湖底防渗工程必须整改，至此，圆明园整治工作告一段落。"圆明园湖底工程事件"是公众参与领域具有里程碑意义的大事件。在此次事件中，通过公众的广泛参与，有力地影响了政府和决策者的环境决策及环境治理行为，在环境治理过程中，环境行政机关可以依托公众的广泛参与，及时调整环境治理的政策及治理的措施，及时发现错误并改正；在公众的参与下，有效提升自身治理水平，不断推进治理的现代化程度，共同建设良好的生态居住环境。

公众环境意识的培养，可以从以下路径进行。首先，应当培养领导干部的环境意识。在我国现有行政体制下，各类国家和地方政府的行政决策主要依靠各职能部门、行政机关加以推行，如果领导干部没有较强的环境意识，易产生行政决策的失误及行政决策推行不利。如有极少数领导干部因缺乏环境意识，将环境保护与经济发展对立起来，为寻求经济快速发展，以牺牲环境为代价。这方面教训是极其惨痛的。故有必要首先加强领导干部的环境意识。其次，深入群众进行环保宣传，并从娃娃抓起。环境保护关乎国家社稷，不单单是政府单方面的职能，更应该是全民的行动[1]，应当得到社会公众的广泛关注与共同参与。一方面，健全环境资源保护类法律法规，并进行普法宣传，向公众传递国家的态度，以环境法治强制规范公众行为；另一方面，以新媒体为介质进行环境保护的宣传，让公众意识到环境问题的严重性与紧迫性，呼吁公众保护环境从我做起。最后，环境问题反复且复杂，环境意识的培养同样是一项艰巨且复杂的任务，需要长期不懈的坚持，同时，坚持以绿色科技推动企业发展，以绿色发展理念提高对自然可持续利用的能力，公众环境意识的培养注意与世界接轨，与时俱进，共同建设美丽中国。

三、环保社会组织的兴起

非政府组织（NGO），又被称为"公益组织""非营利组织"等，一般指致力于公益事业的，带有非政府性、志愿性、非营利性的社会组织。在我国，一方面，随着综合国力的大幅提升，经济持续快速发展，人们的生活水平得到显著提高，公众的民主意识和参与意识也广泛提升；另一方面，经济的快速发展，在使人民生活水平得到改善的同时，也存在消极的负面影响，最直接的表现即对生态环境的破坏，生态环境的恶化和资源的短缺，使非政府组织的关注点逐步转移到环境领域，环保社会组织在我国悄然兴起并逐渐蓬勃发展，成为继政府和企业之外的第三方力量，在生态环境领域，为构建人与自然和谐发展贡献自己的力量，助推中国的环境保护事业的发展与进步。

---

[1]　参见石京秀：《浅谈公众环境意识现状与培养》，《商丘师范学院学报》2003年第3期，第130页.

（一）以组织化形式克服公众个体参与的无序

在我国，由于政策、制度等方面的原因，民间环保组织较之其他国家起步较晚，发展较慢。第一家环保NGO——"中国环境科学学会"成立于1978年5月，这是由政府作为发起部门发起成立的民间环保组织。中国最早注册成立的纯民间的环保组织为辽宁盘锦的"黑嘴鸥保护协会"，注册日为1991年4月18日，发起人为《盘锦日报》记者。1994年，我国标志性环保社会组织之一的"自然之友"成立，"自然之友"的会员又开创了其余十余家民间环保组织，为中国的环保事业作出了突出贡献。2000年后，我国环保社会组织的发展势如破竹，据不完全统计，目前我国环保社会组织已经突破3 500家，并且有越来越多的学生社团、草根组织加入民间环保组织。这些环保社会组织在自媒体时代，广泛运用媒体网络和社会组织间的深入合作与交流，力量不断壮大，在环境治理与环境保护中的作用不断增强，并日渐得到政府的认可与支持。政府面对日益壮大的环保社会组织，适时调整我国的环保战略，没有限制削减环保社会组织的作用与数量，而是为环保社会组织参与环境保护创造更为宽松有利的环境，通过科学合理的制度与机制建设，搭建政府与环保社会组织间的信任和合作的桥梁，充分发挥两者的合力作用，共同推进我国生态文明建设。

以浙江晶科能源环境污染为例透视环保社会组织对于公众个体行为的组织化优势。浙江晶科能源有限公司是嘉兴地区最大的太阳能电池生产企业，2011年8月，海宁市袁花镇红晓村村民发现莫家港出现死鱼现象，村民表示，继8月底一场大雨过后，成群的鱼群翻白肚，怀疑鱼群死亡系晶科污染所致。晶科公司对此说法予以否认，2011年9月，在协商无果的情况下，约500名群众第一次聚集在晶科公司门前，出现砸毁公司财物及办公用品、掀翻车辆的情况，最终政府不得不派出警力才得以控制局面；后连续两天，群众均聚集于晶科公司，事态不断升级，群众的怒火与矛头甚至烧向政府与警方，认为政府处事不公，偏袒晶科公司，置百姓死活于不顾。在此次事件中，嘉兴市环保联合会作为环保社会组织发挥了重要作用，其多次走访企业进行污染调研，积极协助政府进行舆情疏导、信息收集及对受污染群众进行宣传教育，努力搭建村民、企业与政府间沟通的平台，将公众个体行动控制在秩序范围内，克服了公众参与的无序性。在整个事件处置过程中，政府与环保社会组织各自明确自身角色定位，双方形成了良好的合作互动的模式。嘉兴市环保联合会还参与了嘉兴市环保局对于突发事件的处置预案的制定和完善工作，为政府环境决策的形成提供了相当的助力。

（二）以集中表达机制克服公众个体参与的分散

公众个体行动受个体利益最大化驱动，个体利益具有分散性，当个体仅以个体利益为追逐目标时，分散的利益无法得到政府的支持与认同。实践表明，契合度高的利益，往往会得到政府较高的支持与认同[1]。环保社会组织则是聚合公众个体利益的最佳选择。

环保社会组织以维护环境公益为其行动的宗旨和原则，而环境公益正是个体行动者的利益结合点。环保社会组织能够立足环境公益，整合公众个体的利益诉求，引导公众个体在参与环境治理中，从利己为出发点的行动走向以利他为利益契合的环境治理行动。而高度的利益集中诉求的表达，直接向政府传递了公众的整合利益诉求，更为直接和明确，更能够为政府所接纳和考虑。

在公民环境意识日益增强的今天，公众参与环境保护与环境治理显得尤为重要，我国传统的公众参与不可否认的是一种自上而下的参与，政府起主导作用，这种参与的模式实质是一种公众的消极参与，公众参与的范围不够广泛，深度不高，参与的积极性与热情也不高。环保社会组织的出现跳出了传统自上而下的参与模式，将政府自上而下的主导与民间自下而上的参与相结合，将公众有效带入环境事件的参与和政府环境政策的制定、监督及评价中来，极大地提升了公众在环境治理中的主体感和参与感。

---

[1]　参见高丽：《行动者与空间生产：社会组织参与城市社区绿色治理何以可能：以W组织为例》，《社会工作与管理》2019年第3期，第27页.

第二章　多元共治环境治理体系下公众参与权主体构成

　　环境法具备自身强烈的学科特色，作为独立的法律部门，环境法拥有自身特定的调整对象即环境社会关系[1]。环境社会关系作为法律关系的一种，具有主体多元的特点，且由于环境问题属社会公共事务，需要广泛的公众参与方能有效解决问题。故对于公众参与权主体的研究十分必要。本章内容着重对公众参与权主体两个方面的内容进行研究，其一是作为权利主体的公众。学界已逐渐认识到公众自身是一个利益的集合体，在这个利益集合体当中，根据环境利益的不同有必要对公众这个集合概念做进一步划分。其二是作为公众参与权的义务主体的政府和企业。政府和企业角色多样，既是公众参与权的义务主体，负有保证公众参与权实现的义务，同时也是环境治理的主体，需要承担环境治理的相应责任和义务，故需要从不同主体的角色定位出发，深入分析政府与企业在公众参与中的作用。

---

[1] 环境社会关系是人类在开发利用和改造环境的过程中, 在以环境资源为劳动对象的生产活动中和以环境为基本生存条件的社会生活中经常发生的一类社会关系。参见吕忠梅：《环境法原理》第二版, 复旦大学出版社2017年4月版, 第27页.

第一节　多元共治环境治理体系下公众参与权的
权利主体

对权利进行研究，权利主体是无法回避的一个重要问题。公众参与权的主体从字面意义上进行解读无疑就是公众，但是何为公众，如何准确界定公众范围，是一个更为深层次的问题。从现有法律规定来看，对于公众的界定混乱且较为模糊，没有统一的标准，故下文笔者将尝试对公众参与权的权利主体公众进行合理界定。

一、对公众范围的界定

公众，英文为"public"，意思是大众、社会。在《现代汉语词典》中被解读为有着某种共同利益，面临某个共同问题，为实现该共同利益，解决该共同问题而联结起来，相互联系，发生作用的社会群体。公众一词，在不同的学科领域有着不同的含义，也有着复杂的内涵和外延。法学领域中，"公众"一词偏重从权利角度予以阐释。在国际环境法中，《跨国界背景下环境影响评价公约》首次界定"公众"为"一个或一个以上的自然人或法人"。此后，公众一词被各国广泛接受并使用。我国环境法领域中，在《环境保护法》《环境影响评价法》，及2019年1月1日起实施的《环境影响评价公众参与办法》中均使用了"公众"一词。但是，均没有明确公众的确切含义，给出公众的具体范围。

学界就是否要就环境法范畴内的"公众"一词给出明确定义，尚存在争议。反对者认为将公众过于范围化或类型化，实际意味着把公众限定在一个既定框架内，只有框架内的主体拥有环保法赋予的公众参与权利，而被排除在框架外的主体则不享有环保法赋予的知情权、参与权和监督权，实际上是限制了公众的范围。这与《环境保护法》以专章设立信息公开与公众参与的初衷明显背离[1]；赞同者认为作为法学概念的公众含义过于宽泛，其应有一个相对明确的指向，法定的权利与义务不能无的放矢，必须有明确的主体，故在环境法领域应对公众予以界定，唯主体确定，才能于主体之上赋予权利，才能让确定的主体去承担相应的义务[2]。笔者认为应当对公众的范围予以明确界定，厘清公众的内涵与外延，对公众做更细致的制度设计，只有科学定位公众，保证公众的利益相关性、代表性和全面性，才能更好地发挥公众参与的机能，更深入细致地维护公众的环境权利，实现环境善治。

（一）公民

《环境保护法》第五章专门规定了信息公开与公众参与，其中第五十三条将公众参与的主体用公民、法人或其他组织来进行表述，这里用到了"公民"一词。"公民"一词，政治色彩相对浓厚，一般指具备某个国家国籍，享有国籍国根本法所赋予的权利，并承担相应义务，受国籍国法律约束的自然人。公民以国籍为纽带与所属国发生联系，基于此，公民显然排除了外国人和无国籍人。这样的法律规定显然意指在我国仅具有中华人民共和国国籍的中国公民享有环境法赋予的公众参与权。

而环境权的特殊性决定了，环境是全人类的，不仅居住在本国境内的公民享有环境权，居住在一国境内的其他国家的公民或无国籍人，同样享有环境权利。如果将公众参与中的"公众"仅限定为本国公民，则范围过窄，剥夺了在中国工作和生活的外国人或无国籍人的环境权，既不利于环境保护，也不利于国家间的交流与交往。

在我国环境治理体系由传统政府单一主导的统治型治理模式向共建共治共享的多元共治环境治理体系转变背景下，基于环境资源的共有属性，无论是本国人还是外国人均有权利和有责任参与环境保护。参与式治理需

---

[1] 参见肖锋：《我国公共治理视野下"公众"的法律定位评析》，《中国行政管理》2016年第10期，第70页.

[2] 参见张晓云：《环境影响评价参与主体"公众"的法律界定》，《华侨大学学报（哲学社会科学版）》2018年第6期，第97页.

要解决的是参与的定位问题[1]，允许外国人参与环境治理，不等同于允许外国人进行决定。参与不同于决定，参与意味着赋予外国人与本国人同样的为享受良好的自然资源而通过法定程序向决策层表达自身利益诉求的权利，而此项权利笔者认为应当是一项以环境权为基础的衍生权利，环境权应当归属于不可被剥夺的人权，作为环境权衍生权利的参与权也同样不应当被剥夺。

因此，笔者认为《环境保护法》中将公众界定为公民，范围过于狭窄，也不符合现代法治国家的法治理念，有必要将公民扩大到自然人，人不分种族与国籍，不区分职业与居住区域，均平等地享有参与环境治理，表达自身环境利益诉求的权利，这实质是参与权的应有之义。

（二）法人和其他组织

《环境保护法》第五十三条规定：公民、法人和其他组织依法享有获取环境信息、参与和监督环境保护的权利。《环境影响评价法》第五条规定：国家鼓励有关单位、专家和公众以适当方式参与环境影响评价。《环境保护法》将公众的范围界定为公民、法人和其他组织，《环境影响评价法》中公众是与有关单位、专家并列提出的，那么，法人和有关单位将如何定位，是个亟需解决的问题。法人，一般而言包括机关法人、社会团体法人、事业单位法人和企业法人。其中，事业单位法人和企业法人作为公众的组成部分是无争议的，但是社会团体法人和机关法人能否被纳入公众范畴就悬而未决。

就社会团体法人而言，在环境保护领域存在着很多非政府组织，依照成立条件的不同，可以分为自上而下的半官方非政府组织和自下而上的民间非政府组织。这些非政府组织均不以营利为目的，散布在社会生活的各个方面，目前我国环保领域的非政府组织（环保NGO）比较突出，其是以保护环境为活动宗旨，在环境公益领域进行环境保护活动，如自然之友、热爱家园、绿色家园志愿者等。随着生态环境的不断恶化，人们对于自身

---

[1]　参见秦鹏，唐道鸿，田亦尧：《环境治理公众参与的主体困境与制度回应》，《重庆大学学报（社会科学版）》2016年第4期，第128页。

环境权益的关注度显著提高，环境意识增强，随之环保NGO如雨后春笋，蓬勃发展。这些环保NGO有些按照国家规定的注册登记程序，履行了登记注册手续，取得了法人资格；有些民间自发性的环保组织，由于自身条件的限制，及我国目前对非政府组织登记条件的严苛等尚未取得法人资格，这些环保NGO是否属于公众范畴一直存在争议。

笔者认为，应将环保NGO纳入到公众范畴。环保NGO在环境保护领域有其存在的巨大价值，对于保护环境发挥着无可替代的作用。首先，为政府获取环境信息提供信息来源上的帮助和信息真实可靠性方面的论证。如2017年，华北多地发生污水渗坑事件，而最先发现这种情况并及时反应给相关部门的是来自重庆的一个环保NGO，在接到该组织提供的研究和调研报告后，当地政府及时采取措施，避免了造成更严重的经济损失及人员伤亡。其次，作为第三方进行监督，监督政府环境行政行为的合法性，同时监督企业守法。通过对各种环境污染数据进行调研与统计，为政府环境决策提供数据支持。对政府和企业实施外部监督，督促相关部门积极履行环保职责，督促企业按照法律法规进行生产经营，避免其为争取利益最大化而放弃环境利益的行为。最后，促进政府与公众合作的桥梁。环保NGO作为社会力量的代表，有很强大的群众基础，能够代表公众与政府进行沟通，实现政府与公众间的良性互动。

立法中并没有对"有关单位"做出科学界定，故有学者认为，"环评法律、法规中有关单位、专家的主体身份，并不适合一般社会公众的主体身份。"[1]《环境影响评价法》中，有关单位是与公众并列出现的，从汉语语义语境分析，有关单位应是被排除在公众之外的。笔者认为，有关单位应有明确的指向，在环境领域，这里的有关单位应做狭义理解，适合采用排除法。首先，环境行政管理与执行机关应排除在公众之外。环境行政主管机关由于处于所涉环境污染或防治领域，属于环境利益相关人，故其貌似取得了公众地位，但是，从主体性质而言，政府部门、环境行政部门在

---

[1] 参见肖锋:《我国公共治理视野下"公众"的法律定位评析》,《中国行政管理》2016年第10期,第70页.

从事环境管理、履行环境职责的过程中，其是代表国家行使公权力，行政色彩浓厚，而公众往往是作为行政相对方出现，两者利益与地位有着显著差异，甚至会出现矛盾；故政府及环境行政部门在履行行政职责过程中，应排除在公众之外。其次，在特定的问题环境领域，直接导致环境污染的相关单位或利益相关单位，或在环评领域，直接实施建设项目的单位、编制项目规划的单位，或利益相关单位，这些主体由于与环境问题直接相关，有些甚至是环境污染的缔造者，在环评领域，其所涉项目应是被评价的对象，故这类主体也应排除在公众之外。

（三）专家

笔者认为，专家是否属于公众，应区别不同类型的专家。专家按照其参与环境保护的出发点的不同，可以分为基于公益目的和基于私益目的两大类，前者特指以自身所掌握的专业技术知识为背景，发挥专业咨询作用的专家。此类专家参与环境保护，通常以中立身份出现，考虑的问题除涉及环境利益外，还会涉及政府部门决策的科学性与可执行性，其在发表专家意见的时候，出具的意见也带有强烈的政治色彩，不排除受到地方保护主义等不良因素的影响。因此，此类专家不能代表公众的意见，表达公众的心声。故笔者认为，此类专家应排除在公众之外。后者特指因自身环境利益受到影响，为保护自身环境利益而参与到环境保护中来的专家。此类专家实质已褪去了专家的外衣，其参与环境保护的利益与公众的利益是一致的，因此，此类专家应属于公众范畴。

综上，本文认为基于环境的公益性质，公众所指应跳脱出政治色彩，用自然人取代公民，与法人和其他社会团体共同构成公众范畴。在环评领域，对于有关单位、专家的主体性质，以其具体参与环评是出于公益目的还是私益目的，区别对待。

二、以环境利益为标准对公众的区分

以公众环境利益为划分标准，可将公众划分为有利害关系的公众和无利害关系的公众。公众参与环境治理的实质是在对环境利益进行识别的基础上，根据不同的环境利益类型确定相应主体参与环境治理的方式与强度，追求的是在动态的治理过程中达到不同利益的平衡，故对参与者的不同利益进行识别是环境治理的起点。

（一）对环境利益的解读

法律是实现利益诉求的工具，考察我国环境法律部门的发展，发现环境法作为一个新兴的独立法律部门从传统法律部门中分离出来，始于20世纪60、70年代，其时正是环境问题日益显现，环境污染日益严重，而传统法律部门无力应对之际，传统法律部门无力应对的根本原因在于在各法律部门的利益谱系中没有环境利益的位置[1]。

环境利益作为环境法的核心范畴是需要被准确界定的概念。法律由人来制定，人制定法律的目的在于规制人的行为，进而实现人的利益，故环境利益顾名思义应为人的利益而非指环境的利益[2]。环境利益一词由"环境"和"利益"组成，核心在利益，利益也是法学的核心范畴概念之一，在对利益进行充分研究和解读的基础之上，学者们对环境利益均给出了自己的定义，如认为"环境利益是对人的生态需要的满足"[3]"环境利益即环境带给人们的有用性或好处"[4]"环境领域的利益指人的需求和满足"[5]。还有学者从利益的载体和指向为切入点对环境利益进行了概括，将环境利益划分为资源利益与生态利益两大类[6]。徐祥民教授更是进一步分析了环境利益的三个构成要素：对象的有用性、主体的收益性和环境利益的时代性[7]。上述学者从不同角度对环境利益进行了分析和解读，显示出环境法学界对于环境利益的重视程度，也体现出环境利益在环境法学中

[1] 参见史玉成：《环境利益、环境权利与环境权力的分层建构：基于法益分析方法的思考》，《法商研究》2013年第5期，第49页。

[2] 参见王春磊：《法律视野下环境利益的澄清与界定》，《中州学刊》2013年第4期，第62页.

[3] 参见何佩佩：《论环境法律对环境利益的保障》，《广东社会科学》2017年第5期，第236页.

[4] 参见韩卫平，黄锡生：《论"环境"的法律内涵为环境利益》，《重庆理工大学学报（社会科学）》2012年第12期，第44页.

[5] 参见李启家：《环境法领域利益冲突的识别和衡平》，《法学评论》2015年第6期，第135页.

[6] 参见史玉成：《环境利益、环境权利与环境权力的分层建构：基于法益分析方法的思考》，《法商研究》2013年第5期，第50页.

[7] 参见徐祥民，朱雯：《环境利益的本质特征》，《法学论坛》2014年第6期，第46-47页.

的重要作用。

　　笔者认为，环境利益体现了环境之于人的需求的某种满足，但是人类本身的利益需求是有差别的，个体和集体间的利益有时甚至产生冲突，同时，人的环境利益还包括精神利益而不应局限于物质利益。环境法的研究应当以此种环境利益及利益冲突的识别和衡平为主要任务，注意以环境利益为标准而产生的主体间的诉求的区别，以及进而形成的主体身份地位、权利义务的不同。

（二）以环境利益作为区分标准的依据

　　环境利益对于人类社会而言具有整体性的特点，人类共有一个地球，人类也只能共享一个地球。但是环境利益的整体性不能掩盖一个重要的事实，即人类享受环境利益的差异性与冲突性。公众的环境利益并非始终且完全一致，在对环境的利用与开发中，不可避免地存在利益的冲突，且这种冲突是多方位、多层次的。正如有学者指出："承认公众环境利益的存在并不是对个体以及群体环境利益的抹杀，公众环境利益体现公众对环境的共同需求，个体对于环境的偏好，只要不与环境公共利益相抵触，可以在法律范围内得以实现。"[1]

　　公众参与需要根据参与主体的不同的利益类型确定主体公众参与的方式和参与的强度[2]，对基于不同利益类型的公众参与主体赋予不同的权利内容与设计不同的参与程序，故利益的识别是公众参与的出发点。"有利害关系的公众"指其环境利益直接受到影响的自然人或法人，"无利害关系的公众"指其环境利益没有直接受到影响的自然人或法人。首先，"有利害关系的公众"因其实体环境利益受到影响，为保护其实体利益需要赋予主体以知情权、参与权和监督权，参与权的各项子权利实际具有实体权与程序权的双重属性，环境利益是公众本身应当享有的合法权益，必须以法律形式赋予主体相应的权利，这是法治的要求，同时，以程序正义保障实体正

---

[1]　参见巩固：《公众环境利益：环境保护法的核心范畴与完善重点》，《2007年全国环境法学研讨会论文集》（第一辑），《环境保护法》修改法律问题研究。

[2]　参见徐以祥：《公众参与权利的二元性区分：以环境行政公众参与法律规范为分析对象》，《中南大学学报（社会科学版）》2018年第2期，第64页.

义，是正当程序的应有之义。"无利害关系的公众"对环境事务的参与是基于环境公益的需要，参与的目的是为实现环境公共利益，这是环境的公共物品的基本属性的必然要求，赋予此类公众参与权是为了更好地解决行政行为的合法性危机问题，能够以此化解公众对政府的信任危机。其次，以环境利益作为区分标准，能够合理划分不同身份类型主体的权利内容。由于不同利益类型的主体参与环境治理的利益出发点不同，基于保护与自身密切相关的环境利益而参与环境治理的主体，相较于基于环境公益而参与环境治理的主体，其参与的热情、参与的积极性与迫切性均不同，故有必要以环境利益作为标准对主体进行划分。最后，以环境利益作为区分标准对主体进行合理划分，还有利于政府更加合理地依法环境行政。对待不同类型的公众，政府对其利益诉求应当有所甄别，并通过不同的程序予以区别对待。这样才能提升政府效率，促进政府行为的合理性。比如对于自身环境利益遭受侵害的公众，其往往是基于民事侵权而提起的诉讼，而"无利害关系的公众"往往是基于环境公益提起的诉讼，此时应当适用的是环境公益诉讼程序，只有有效对利益基础进行甄别，才能正确区分不同的利益诉求，适用不同的诉讼程序。

（三）对公众分别赋权的必要性

两种类型公众因其参与环境治理的目的不同，故在权利的具体内容、权利行使及保障救济机制方面应有所区别。有利害关系的公众其参与行为源自维护私益，参与的动因充足，但是，因现实条件的限制，有利害关系的公众不可能全部参与到环境治理过程中，具体现实地行使自身的参与权利，比较可行的方法是由有利害关系的公众选取代表，由代表代为表达该团体的利益诉求。这就必然涉及代表的代表性和反馈性问题。在参与权利的设定上，应完善相关代表的选举程序性设计，同时，被选举代表的代表权限应由法律予以认定。真正的参与是无需单纯地从参与人数上加以衡量的，应允许具有相同利害关系的公众推选能够代表自己利益团体的人，代为表达利益诉求。但需要注意的是，在实践中，往往会出现代表性缺乏的现象。即利益代表与其代表的利益团体间的联系会产生令人不满意的情况，如代表不及时反馈参与情况，或代表不听从其所代表的利益团体的观点。这些均需要借助法律的力量对代表的代表权进行法律规制，但目前我国这方面的对于利益代表的权利与义务的规定尚属法律空白。无利害关系的公众其参与环境治理的途径较之有利害关系的公众有所区别。因其参与环境治理的出发点为维护公共利益，故通常会表现为环境社会组织对于治理行为的参与。从我国环保社会组织的发展现状及参与环境治理的实际看，目前，国家对于环保社会组织总体上还是保持高度的约束状态，绝大多数社会组织因无法满足政府机构提出的监管要求而无法注册，直接导致环保社会组织法律地位的不确定。我国已取得合法注册资格的社会组织，在实践中也大部分会远离有争议的问题，对政府决策产生影响的社会组织行动，也大部分是基于保持合作立场和利用政府提供的渠道进行的。针对这些问题，对于环保NGO在环境治理中的权利的具体内容设定及程序性保障机制的设定，应着重放在为其活动提供激励与保障机制，放宽社会组织的成立条件，鼓励社会组织以多种形式参与环境治理。

第二节　多元共治环境治理体系下公众参与权的义务主体

权利与义务是法这一事物中相互排斥的两个对立面，同时，它们又是相互贯通、相互依存的。权利的范围就是义务的界限，义务的范围也是权利的界限[1]。法律赋予了公众参与环境治理的权利，那么，就必须要有人承担实现该权利的义务。《奥胡斯公约》规定缔约国的政府及公共部门承担相应的义务，这些义务包括义务主体在进行环境决策过程中，应赋予公众知悉有关信息和参与权利，并保证行使上述权利的有效司法机制[2]。在我国，权利主体的权利行使状况，很大程度上取决于义务主体履行义务的态度和履行义务的情况。在党中央提出多元共治环境治理体系的当下，对

---

[1]　参见张文显：《法理学》（第四版），高等教育出版社、北京大学出版社2011年第6版，第98页.

[2]　参见吴浩主编：《国外行政立法的公众参与制度》，中国法制出版社2008年版，第31页.

于公众参与权的实现，较之以往更具时代特色，因在环境治理中，各主体价值多元化，尤其政府与企业，其既是法律规定的保障公众参与权实现的对应义务主体，同时，又是多元共治的环境治理主体，角色多元，基于不同的角色定位，要承担不同的对应义务。下文将对政府与企业的主体地位进行具体分析。

一、政府及行政机关

对我国环境法律法规进行梳理，发现根据我国《环境保护法》第五十三条第二款的规定，公众参与的义务主体包括各级人民政府环境主管部门和其他负有环境保护监督管理职责的部门。

（一）环境治理中的宣传、引导与信息告知

政府及行政机关作为公众参与权的对应义务主体，按照法律规定，负有及时全面公开环境信息、完善公众参与程序与为公众参与和监督环境保护提供便利的义务。

首先，就政府环境信息公开而言。政府作为环境信息的主要持有者和公权力的行使者，具有独特、先天的优势。公众想要全面、准确、及时地了解环境信息，必然要通过政府途径来获取。我国现行法律法规诸如《政府信息公开条例》《环境信息公开办法》《环境保护法》等均有关于政府环境信息公开的相关规定，但就政府环境信息公开的实际情况看，并不理想。主要表现在各级政府间及政府各职能部门间没有达到环境信息共享，没有设置统一环境信息公开的管理机关，导致中央和地方环境信息不能实现有效对接，政府各职能部门间不能实现环境信息的共享，甚至出现数据不一致的情况[1]。有必要形成政府间和政府各职能部门间的信息共享机制，并统一环境信息发布平台，避免重复发布或信息冲突。此外，就政府环境信息公开的内容而言，笔者认为例外规定过于笼统，可操作性不强。仅以涉及国家秘密、商业秘密作为例外，极易成为义务主体拒绝信息公开

---

[1] 参见王文革：《环境知情权保护立法研究》，中国法制出版社，2012年版，第74页.

的理由，应严格界定例外情况的范围及合理界定例外情况的程序，避免此成为主体拒绝履行义务的借口。其次，就政府完善公众参与程序的义务而言，2015年《环境保护公众参与办法》就公众参与的具体形式和途径进行了细化，政府及环境主管部门通过问卷调查、座谈会、专家论证会和听证会等形式，组织公众参与环境公共事务，并逐一对各种形式的参与途径进行了详细阐释，充分展现了政府保障公众参与的决心和信心。但是，笔者认为在保障公众参与过程中，应当对参与的公众进行选择性区分，因为公众本身是一个充满利益冲突的集合群体，参与公众的利益并不完全一致，故在对参与公众进行选择时，应当注意区分不同利益类型的公众，对其分别赋予不同的参与权利，拓展不同的参与途径。最后，就政府为公众参与监督环境保护提供便利的义务而言，《环境保护法》和《环境保护公众参与办法》均就公众的监督权进行了规定。公众对于任何单位和个人的环境污染和破坏行为有权举报，同时，对于各级政府及环保部门的不依法履行职责的行为，也有权举报。接受举报的部门应尽职调查并将调查结果告知举报人。同时，环保部门可以支持环保社会组织依法提起环境公益诉讼。这些规定依法保障了公众环境监督权的行使，政府及行政机关作为对应义务主体，在公众提出意见、建议或举报时，应当认真核实。对公众监督权的行使，笔者认为是否可以适当拓宽有权提起环境公益诉讼的主体。虽然现有法律规定，依法成立并满足一定条件的社会组织有权提起环境公益诉讼，但在我国，社会组织成立的条件与程序本就相当严格，而且并不是只要依法成立就有权提起环境公益诉讼，还必须满足一定条件，如所提起的环境公益诉讼应当与其成立宗旨相符合等，故一定程度上限制了环境公益诉讼的发展，不利于保护和鼓励公众参与环境保护。故政府有必要放开社会组织尤其是环保社会组织的成立条件，并放宽环保社会组织作为原告提起环境公益诉讼的条件。

（二）环境治理中的管理、协调与监督

多元共治要求政府要让渡部分环境治理的权限，要"简政放权"，但不意味着要改变政府在多元共治体系中的主导地位。政府作为公共权力代表，拥有最多公共资源，其地位具有不可替代性，在公众、企业等多元主体参与环境治理过程中，政府应发挥自身监管职能，一方面从宏观层面进行生态文明建设的顶层制度设计，另一方面，从微观上引导公众等主体公平有序参与环境治理。

1. 政府监管者

首先，政府应负责生态文明建设的顶层制度设计。生态文明建设内涵和外延均极其复杂，涉及政治、经济、自然、社会等多个领域，政府、公众、企业、社会组织等多个主体，生产、流通、消费等多个环节，人员、技术、公共产品等多个要素，故要实现生态文明建设的全面转型发展，完善生态法治建设，推进生态环境治理能力现代化，必须由中央及地方各级人民政府首先进行顶层的制度设计[1]。明确生态文明法治建设的目标，提出生态文明建设理念，制定生态文明建设规划，出台相应的法律法规，从而达到彻底转变人们思想观念、生活方式和生产方式，最终共同努力致力于生态文明建设的目的。

就经济发展与环境保护的关系，政府应当根据时代发展需要，结合实际情况调整完善发展对策。发展是硬道理，科学发展应是人与自然和谐、可持续的发展。发展经济不能对资源和生态环境竭泽而渔，生态环境保护也不是舍弃经济发展而缘木求鱼。首先，政府应助力企业、公众深刻认识到，生态环境即是生产力，绿水青山即是社会经济财富。应从制度设计上，助推企业改变传统粗放型生产方式，走集约型发展路线，使生产、资源等要素相匹配，通过健全生态环境信用评价机制、建立环境污染强制责任保险制度、严惩重罚等，促使企业主动寻求绿色生产方式；应从政策制定当中，回应、体现公众所急、所盼和所想，以公众反映强烈的重大环境污染问题为治理重点，同时，必须加强生态文明宣传教育，使社会公众意识到每个人都是美丽中国的建设者和受益者，鼓励和培养公众养成日常低碳绿色、简约适度的生活和消费方式，以形成全社会建设美丽中国的强大合力。其次，科学的环境法律体系为生态法治建设提供法律依据，生态环

---

[1] 参见乔永平：《生态文明建设中政府的角色定位及对策研究》，曹顺仙，薛贵波主编：《高校思想政治理论课：一体化探究式教学模式的理论探索与实践创新》，北京理工大学出版社2014年版，第120页.

境领域实现法秩序的稳定与持久，离不开健全的环境法体系，故政府应着力加强环境法制建设，加强环境保护与治理领域的法律控制。新中国成立70余年来，我国生态环境法律体系建设取得了历史性成就，发生了历史性变革，党在不同历史时期对生态环境法律提出了不同的要求，尤其是党的十八以来，以习近平同志为核心的党中央更是将生态文明融入治国理政的宏伟蓝图，推动我国生态保护发生历史性、全局性变化。各级政府更应充分利用好这一机遇，全面审视和修正我国环境法律体系，以党的方针政策为指导，客观评价我国现有环境法律体系，对不符合时代特征、违反发展规律的法律法规及时作出调整，树立先进的立法理念和立法指导思想，着力于解决影响我国环境法律实施效果的深层次矛盾和问题，使环境法律真正为生态文明建设的历史性转变保驾护航。

其次，政府负有对生态治理过程的监督和管理职责。环境资源作为一种公共资源，具有极强的外部性特征，需要代表公权力的政府机构对其实施强有力的监管。而其中地方政府起着异常重要的作用，是我国当前环境共治模式下生态环境监管的关键主体，地方政府生态环境监管的能力水平很大程度上决定了我国环境治理的成效。地方政府作为监管者，在对企业污染行为、公众参与行为进行监管的同时，对于自身行政系统内的行政机关的环境行政行为同样具有监管职责，实质上，政府环境监管者地位更多地是从政治监管的角度进行探析，政府是国家政治监管的主要承担者和执行者，此外探讨的地方政府的环境监管者地位也更多地是从政治监管角度分析。

我国现行的以GDP为导向的行政考核制度和分税制财政体制，使地方政府缺乏生态监管的动力[1]。分税制财政体制下，地方政府承担了较多的社会公共服务支出，如义务教育、精准扶贫等，导致地方财政压力增大，在得不到中央充足财政支持和保障的情况下，地方政府为解决自身财政压力，履行社会公共服务职能，对一些地方纳税大户企业就较为亲和。对能

---

[1]　参见周伟：《地方政府生态环境监管：困境阐述与消解路径》，《青海社会科学》2019年第1期，第40页.

够拉动和促进地方经济快速发展的企业和重大工程项目，地方政府在环境影响评价上会给予较为宽松的环境，在生态环境监管上会予以放行。加之以行政区划为边界划分地方政府生态监管职责，也极易导致地方保护主义的诞生。为化解地方政府生态监管困境，应优化政绩考核制度，完善分税财政体制，地方政府职能的履行取决于内在激励与驱动机制，要调动和促使地方政府积极履行生态监管职能，必须切实将绿色GDP纳入地方党政干部政绩考核评价体系。并与重大生态环境问题政治问责、自然资源资产离任审计、生态损害责任追究制等相挂钩；同时，必须对财税体制进行改革与完善，回应地方财政难题，加大中央对地方的财政转移，只有解决地方财政难题，扭转地方财政不足的普遍现状，才能使地方政府在生态监管中轻装上阵，在地方环境治理中无后顾之忧。

公众参与环境治理，分享政府的治理权限，能够增进公众对于政府的信任度，提升政府公信力，也有助于提升政府环境行政效能，对于实际参与而产生的结果，易于被公众接受，也易于被公众拥护和得到有效执行。但是，公众作为集合体，并非在任何情况下都能够表现为理智人，公众在环境治理过程中，存在基于本能的利益驱动而作出非理性选择的可能。对于公众在环境治理过程中表现出的非理性行为，政府负有监管的职责。首先，政府应对公众参与环境治理的行为进行引导，使公众的参与成为有序的参与。公众概念范围广泛，覆盖面广，能够被纳入公众范畴的主体众多，该众多主体教育程度跨度大，职业领域涵盖面广，社会与家庭背景结构复杂，各自的环境利益诉求更是错综复杂，在各自不同利益的驱动下，如果没有一个强有力的政府导向行为，则公众对于环境治理的参与行为将是杂乱无章的，甚至会出现公众参与被利用。违法参与、无序参与均是与社会主义法治建设相背离的，政府必须对公众的参与行为进行引导，使公众参与是在政府可控范围内依法进行的参与，公众参与是为建设生态文明法治建设服务的，参与的内容、途径、范围是受法律保障、为法律所允许的。政府对公众的引导是建立在政府信任公众的基础上的，而此种信任是一种双向的信任，政府信任公众，认可公众有能力依法参与环境治理，按照法律规定的程序提出自己的利益诉求，按照法律规定行使权利；公众同时信任政府，公众认可政府会为公众参与环境治理提供保障，为公众提供参与的途径，创造参与的便利条件，充分听取公众的参与意见。其次，规范公众的参与行为。当公众与政府的沟通出现问题，公众的意见无法被政府知悉，或公众的意见不被政府采纳，甚或是公众的参与被有心人利用而演变为非理性抗争时，需要政府对公众参与行为进行规范。公众被赋权，但是权利不能被滥用，规范公众不滥用权利是政府不能回避的职责。政府应以地方性法律法规的形式，对辖区内公众参与行为从实体和程序两方面进行细化，在国家顶层政策层面已然提出公众作为环境治理的主体有权参与环境治理、《环境保护法》也从基本法层面夯实了公众参与原则的基础上，地方政府应根据本地区实际情况，将公众参与落到实处，以法律形式明确公众的具体参与权限和参与范围，明确参与的途径和方式，同时，也应明确非法参与的法律后果。

2. 政府多元利益协调者

政府作为处理社会公共事务的公权力代表，其所要面对和解决的利益纠纷是多元的，不同领域、不同群体间的利益内容和活动方式是充满矛盾和冲突的，需要通过政府的综合性协调工作以实现利益的平衡。具体到生态环境治理领域，如何处理好政府与企业、政府与公众、企业与公众间关系，以及公众内部不同利益群体间的利益冲突，都在时刻考验着政府环境治理协调能力。政府协调能力强，其为环境治理支付的社会成本就低，政府行政效率就会相应提高；政府协调能力弱，环境治理的社会成本就高，甚至出现矛盾激化，发生大规模非理性群体事件。

以邻避型环境群体性事件为例透视政府利益协调功能。随着我国城市化进程的加快，各类公共设施及项目不断兴建，导致生态环境整体恶化，由此引发了公众因环境问题抗争而产生的大规模的环境群体事件，其中，尤以邻避型环境群体事件更为突出。邻避型环境群体事件的爆发与邻避设施的性质密切相关。邻避设施是一种建成后由全体市民受益、全体市民共享的公共设施，但是邻避设施产生的环境风险或负担却要由邻避设施设立地附近的居民来承担，由此产生的收益与成本的分配明显不对称和不公平。邻避设施项目附近居民由于其居住环境可能遭受破坏，进而影响其身体甚至生命健康权利，故其对于邻避项目往往是一种抗拒心理；加之政府在处理邻避项目过程中，基本对于邻避设施设立与否在决策过程中采取封闭或半封闭决策方式，民众在项目设立初期对项目本身缺乏足够了解，对政府突然的决策行为不满情绪膨胀，政府信任危机加剧，最终爆发邻避冲突。最为典型的邻避冲突爆发领域如垃圾焚烧厂项目、PX[1]项目、化工厂项目等。

以杭州中泰垃圾焚烧厂为例，杭州虽被称为"人间天堂"，但正面临垃圾围城的窘境。为解决垃圾围城的问题，杭州市政府拟在余杭区中泰街道周边规划新建九峰垃圾焚烧项目，用于处理城市居民产生的生活垃圾。公众首次知晓该项目是通过杭州市规划局网站的公示，该公示为公众预留的告知截止日期仅为短短4天时间。这期间，部分环境风险意识强的群众开始以个体上访的方式向政府部门反映情况，参与的形式主要表现为基层参与。因参与度低，未引起政府部门的重视，政府在收到群众利益诉求后，未作出积极回应，为事态进一步恶化埋下隐患。随着垃圾焚烧厂的讨论在民众间不断传播，越来越多的民众对垃圾焚烧厂项目产生质疑。由于信息交流不畅，人们对于垃圾焚烧产生了恐惧与抵触心理，公众担心致癌物、担心污染、担心空气质量等，个体行为也逐渐演变为集体行为，公众开始聚集抗议，规模也在不断扩大。政府开始关注、正视该问题，组织该领域的专家和相关媒体进行宣传教育，但未能与公众实现双向沟通，更多的仍是一种自上而下的低参与度的参与模式，故公众的有限参与未对政府的决策产生实质影响。直至同年5月10日，上千民众聚集在一起，采取大规模聚集抗议这种参与方式表达反对情绪，公众参与表现为非理性参与，演变成恶性群体事件。政府部门为维护社会稳定，宣布暂停垃圾焚烧项目，并由市领导召开新闻发布会安抚民众。

此为杭州中泰垃圾焚烧项目的邻避型环境群体事件的产生酝酿阶段、冲突累积阶段到爆发阶段的过程。在该事件的整体发展阶段中，均出现

---

[1] "PX"项目，指的是二甲苯化工项目。px是英文p-xylene的简写。

了不同程度的公众参与，但是公众参与的程度较低[1]。邻避型环境群体事件，总结冲突各方可发现，就主体而言，包括政府、邻避设施的设立企业和受邻避设施影响的附近居民三方。引发邻避冲突的焦点在于各方主体对于环境风险认知上的冲突。环境风险是否可控、环境风险实际损害大小等问题，是各方争议的焦点。在环境抗争中，公众作为潜在受害者，是弱势一方，难以通过制度赋予的力量获得法律救济，难以抗衡作为政府的强势一方，加之政府与公众间信息交流的不顺畅，最终公众只能采取非理性甚至不合法的环境抗争行为。

　　针对邻避型环境群体事件，政府的治理方式主要有两种，一种是"压制—专断"型治理模式，一种是"回应—参与"型治理模式。前一种治理模式是一种自上而下的治理，国家权力的运行轨迹是从顶层逐步向下最终权力触角达到社会终端。国家行政权力在整体运行过程中，如遭遇来自群体或个体的挑战时，其运行的逻辑不是去缓解挑战的力量，而是释放、加大国家行政权力的力度去压制挑战的力量[2]。此种治理模式下，行政机关行政行为的终极目标为实现其自身所认定的公共利益，该公共利益的认定过程及相应行政决策的形成过程往往封闭自洽，公众的利益诉求被排除在外，杭州中泰垃圾焚烧项目政府在处理该事件初期就是采取的此种模式，对于公众的集体利益诉求采取的是强力打压式的处理，无法从根本上解决邻避冲突。与此相对应的为"回应—参与"型治理模式。邻避型群体事件产生的一个重要原因就是环境风险被无限放大。政府行政决策封闭，导致环境风险无法及时、完整地公之于众，公众的担忧、焦虑无处释放，就会在恐慌与谣言中过度放大环境风险。故为有效应对此类环境邻避型群体事件，应建立行之有效的沟通参与机制，建立多元主体共治的新型治理模式，以规避环境风险沟通方面的弊端。杭州中泰垃圾焚烧项目在经历了初期的沟通不顺畅、公众参与度不强的局面后，在项目后期，政府及时发现

---

[1]　参见于鹏，黑静思：《环境污染型邻避冲突中的公民参与研究》，《中国行政管理》2017年第12期，第82页。

[2]　参见任峰，张婧飞：《邻避型环境群体事件的成因及其治理》，《河北法学》2017年第8期，第102页.

并纠正了问题，破解了"邻避"这个困扰大部分政府行政的结，实现了中泰垃圾焚烧发电厂原址开工的预期目标。杭州市政府走出困局的关键举措为切实有效地贯彻公众的实际参与，尊重群众意愿，关注群众利益，加大群众参与环境治理的深度和广度。杭州市政府行政部门组织中泰街道居民82批次、4 000余人赴外地实地考察，考察先进地区的垃圾焚烧项目，眼见为实以解群众心中的困惑。同时，整个项目落地推进的全过程，都选择让公众深度参与，如水文和大气监测时，村民院子里就设监测点，可第一时间及时、完整公布监测到的环境监测数据和细节。完全公开透明的工作流程和实时发布的工作结论足以打消群众顾虑。对于群众提出来的合理的建议和要求——如建立大管网供水、垃圾运输要走专用匝道，以避免水源污染的利益诉求等，也被采纳并逐一落实。杭州市政府部门还专门成立了群众监督小组，邻避项目附近居民只要进行登记，就可以佩戴"监督证"，进项目工地实地察看，随时监督项目进展过程。市政府还定期组织村民现场监督，零距离听取项目方的介绍，并组织专家现场答疑。

治理模式的转换，使得政府与公众间不再是传统纵向的隶属关系，公众也不再是政府决策行为的治理对象，反之，政府与公众间是横向的平等合作关系，公众个体不再是治理对象，而成为参与治理的治理主体。政府决策程序在公众积极参与下更加公开和透明，政府不再将自己的价值判断加诸于公众，国家、社会公共利益与公众个体利益同样得到了有效保护。公众利益在政府环境决策形成过程中起到至关重要作用，公众与政府间建立良好的平等沟通与会话机制，在参与式环境治理中，公众对于环境决策不再是抵制与怀疑，而是支持与信任，公众与政府共同建设青山绿水的美丽中国。

此外，大数据时代，政府还应充分利用媒体的影响力，通过媒体的作用对多元利益进行协调。在数据化、信息化高速发展的当下，在邻避型环境群体事件中，媒体报道也展现出新的特点。与报纸、电视等传统媒体不同，随着网络的快速发展，微博、微信、QQ等新媒体的广泛应用，在事件发生、发展及终结的各个阶段，都起到了不容小觑的作用。新媒体以其独特的传播特质，在政府与公众间起到一个桥梁、媒介作用，它既可以帮助政府塑造信任型政府的形象，助推政府将环境信息、环境决策向公众全面、及时发布，科学解读；同时，它也可以帮助公众向政府表达利益诉求，将公众意愿、心声传达给政府。

在邻避型环境群体事件中，传统媒体与新媒体相互交叉融合，共同助力政府打破"邻避"这个结。传统媒体以其理性、科学性、权威性的特点，把握舆论导向，正确引导民众正确维权，避免过激行为；新媒体利用自身快速、及时、受众面广的特点，将主流媒体的态度与建议传播出去，共同致力于维护社会稳定，保障公众合法权益及营造政府公信力。

在冲突发生前，媒体报道会做好舆情监控工作，尤为重要的是在邻避型环境群体事件中做好科普宣传工作[1]。公众之所以恐慌、抵制邻避项目，很大原因在于对邻避项目的知识匮乏，普通民众会认为电磁波辐射、垃圾焚烧等邻避设施是无法容忍的，是对人身及周边环境产生恶劣影响的项目；但是在专家眼中，这些项目均在正常范围内，其所造成的环境风险是可以承受的，信息交流障碍、信息获取情况不对等是造成冲突的重要原因之一。此时，需借助媒体的力量，通过科普宣传的形式，将技术专家掌握的专业知识转化为能为普通公众接受的形式，提升公众知识素养，化解公众困惑难题，帮助公众辨别真伪。2014年广东茂名PX事件中，专业技术人员给出的PX属于低毒产品的结论，就得到了媒体的广泛宣传。公众只有了解了，才不会恐慌，不会听信谣言，才能有效化解政府治理危机。在冲突发生前，媒休还应具备预警监测的能力，任何冲突发生前均会有一定的预兆，媒体应具备捕捉预兆的能力并及时跟踪报道；冲突发生时，媒体应做好舆论引导与公众不稳定情绪的安抚工作。邻避冲突发生时，主流媒体率先对信息进行筛选，抢占舆论制高点，控制、把握舆论方向，给公众一个正面、健康的舆论导向。自媒体的出现，确实给主流媒体的舆论导向作用制造了一些障碍，新媒体信息传播比较分散，无法形成统一的中心与意见，且易于被有心者利用，变成谣言集散地；故政府在治理过程中，应注重主流媒体的舆论导向作用，强化、抢先设置舆论输出端口，监测网络自

---

[1]　参见丁莘华：《全媒体时代邻避冲突的媒体报导策略》，《青年记者》2018年第8期，第21页.

媒体的传播路径，及时疏导、分流及管控谣言分散地，及时澄清谣言，引导公众在线监督，将公众纳入自媒体应用主体范畴，通畅民众意见表达渠道，实现多元主体的共治共建共享。

二、企业

根据《环境保护法》的规定，除环境主管部门负有保障公众参与权实现的义务外，重点排污单位及建设单位同样负有保障公众参与权实现的义务。《环境保护法》第五十五条、第五十六条分别规定了重点排污单位和建设单位的对应义务。重点排污单位负有向社会公开主要污染物的名称、排放方式、排放浓度和总量、超标排放情况，以及防治污染设施的建设和运行情况的义务。建设单位应当在编制环境影响报告时向可能受影响的公众说明情况，充分征求意见。可见，企业在保障公众参与权实现方面，负有最主要的义务即为企业环境信息公开义务。

（一）环境信息公开

目前我国企业公开的环境信息的内容主要为企业环境污染及防治信息，企业直接向公众公开环境信息，有利于保障公众知情权的实现。但是，对我国现阶段企业环境信息公开的现状进行审视，发现情况并不理想。以绿色和平组织对世界500强及中国上市公司100强企业信息公开情况调查为例，发现在环保部认定的18家"双超"企业中，没有一家按照要求公开企业环境信息，跨国企业更是在企业环境信息的公开问题上适用双重标准，在中国公布的污染物排放信息与在其他国家公布的污染物排放信息不对等，在其他国家公布了全面详细的污染物排放信息，在中国仅公布了6种污染物排放信息[1]。

虽然我国已经存在一些有关企业环境信息公开的法律规定，尤其是2015年《环境保护法》颁发实施后，公众参与更是得到前所未有的关注，

---

[1] 载绿色和平网站http://www.greenpeace.org/china/zh/press/releases/silent-majority-rls，访问时间：2018年3月12日.

为实现公众的参与权必然涉及政府与企业信息公开，以保障公众的知情权。实际上虽已存在一定的法律法规，但是对企业环境信息公开的规定还不够完善。首先，负有环境信息公开的义务主体范围过窄。我国现有法律对于企业环境信息公开的规定，实质是适用了强制公开与自愿公开相结合的办法。强制公开企业范围相对过窄。实质上，实践表明，即使是污染物排放达标的企业，也会对环境和公众的健康造成影响[1]。故现有法律规定的企业公开环境信息的条件，合理性不足，难以保障公众知情权的实现。其次，企业环境信息公开的范围有限。现有法律要求企业强制公开的污染物排放多为末端的污染物排放，对于生产过程中的污染物排放未作强制性要求。且信息公开没有对数据的详细程度及标准化进行要求，同时，对于治理手段及减少污染对策方面的要求过于简单。再次，企业环境信息公开的方式有限。继《环境保护法》后出台的《环境保护公众参与办法》中未就企业环境信息公开作出相应细化，2018年《环境影响评价公众参与办法》就建设单位环境影响评价报告书的公开方式进行了细化，但仅限于环境影响评价过程，故笔者建议可以借鉴环境影响评价过程中建设单位的信息公开方式，将其加以推广。运用线上线下多重手段，推动企业信息公开。最后，企业环境信息公开缺乏相应的救济机制与第三方监督机制。现有法律对于违反企业环境信息公开的惩罚机制主要是行政罚款，笔者认为此种处罚手段单一，且力度小。除行政处罚手段外，建议增加民事赔偿与刑事制裁措施，同时，信息披露在我国还是传统的"政府—企业"二元化体系，政府仅对强制披露信息的企业进行监管，对于自愿进行环境信息披露的企业，尚没有相关监管规定，降低了企业环境信息披露的全面性与可靠性。

（二）实施绿色生产

环境问题的加剧，不仅催生了公众的环境意识觉醒，同时，也使市场经济主体的企业意识到绿色生产的重要性及紧迫性。企业具备了为履行社会责任，配合公众参与权利的实现而进行清洁生产及主动削减污染物排

---

[1]　参见王文革：《环境知情权保护立法研究》，中国法制出版社2012年版，第108页.

放的可能，随着环境治理理念由对立转向合作，公众为更好地发挥参与的效能，也力求促使与企业间进行谈判及采取合同形式解决企业绿色生产问题。企业的角色定位由传统污染制造者逐渐向自我规制者转化。

环境法中的自我规制，指企业出于满足企业利益需求或为遵守环境法律法规而自行制定、自行实施企业相关环境管理制度的行为规则的总和[1]。自我规制与环境法关系紧密，可以将自我规制视作为一种合作，那么自我规制就成为解决环境问题的有效法律机制[2]。企业作为环境治理主体，因应企业环境责任的需要与企业社会形象的形塑，有必要对自身的生产经营行为进行自我规制。自我规制不同于慑于外部力量的"他律"，自我规制属于企业的"自制"范畴。在我国现有环境法律法规中，业已存在大量有关企业自我规制的法律规定，诸如自愿节能减排规定、清洁生产规定、企业自行环境监测等环境法律制度，均是企业自我规制的体现。无论企业出于何种动机进行自我规制，对政府和社会而言，企业自我规制均是有益行为，政府可以通过企业自律行为帮助政府完成环境治理的公共任务；社会可以利用企业自我规制，实现享用清洁生活环境的目的，最终共同致力于美丽中国的建设。

---

[1] 参见王清军：《自我规制与环境法的实施》，《西南政法大学学报》2017年第1期，第47页.

[2] Bregman Eric, "Enironmental Performance Review: Self-regulation in Environmental Law", Vol. 16, *Cardozo Law Review* (1994)：465.

第三章　多元共治环境治理体系下公众参与权的内容

　　以权利为本位分析公众参与权，权利的行使是不可或缺的部分。本章首先从分析公众参与权的权利内容入手，作为公众参与权行使的逻辑起点，只有清楚公众参与权的权利内容，才能正确有效地行使权利；进而分析公众参与权的权利行使过程，在权利的行使过程中，重点分析了公众参与权行使的原则与行使路径，政府主导的自上而下的行使路径与公众自发的自下而上的行使路径相结合，共同推进公众参与权的实现；最后，分析了权利行使的结果。公众参与权在我国面临着困境，在对公众参与权的权利行使受阻情况进行分析的基础上，进而总结产生此种困境的原因，为后一章节公众参与权的实现进行铺垫。环境知情权、参与权、表达权和监督权是相互联系、互为条件的一个整体，知情权是前提，没有知情权，参与权、表达权和监督权就缺少了依据；参与权是关键，缺少参与权，知情权、表达权和监督权将无从谈起；表达权是核心，缺少表达的参与形同虚设；监督权是保障，没有监督的表达和参与将事倍功半[1]。因此，环境知情权、狭义的参与权、表达权和监督权共同构成环境保护公众参与的权利体系，支撑公众参与的整体运行。上述权利只有得到国家的依法保障，才能在环境法治的道路上踏实前行。

---

[1]　参见吕忠梅：《建立实体性与程序性统一的公众参与制度》，《中国环境报》2015年10月8日.

第一节　环境知情权

一、环境知情权的界定

1992年《里约宣言》在联合国环境与发展大会上予以发布，意味着在环境保护公众参与问题上，各国基本达成共识。该宣言第十条就公众的环境知情权做出了规定："每个人都应享有了解公共机构掌握的环境信息的适当途径，国家应当提供广泛的信息获取渠道。"我国2008年5月1日同步实施了由国务院颁布实施的《政府信息公开条例》和由环保部颁布实施的《环境信息公开办法》，意味着经过多年不懈努力，我国环境信息公开已然走上了法治化轨道。

（一）环境知情权的内涵

环境知情权，现阶段通说认为指社会成员获取、知悉环境信息的权利[1]。也有学者认为环境知情权也称环境信息权，是国民对世界范围内的环境状况及本国的环境管理状况，包括自身所处的环境状况的信息的获取权利[2]。徐祥民教授从环境知情权与知情权的关系出发，认为环境知情权是把一般的知情权具体化到了环境之"情"[3]。笔者认为，在环境公益性显现，风险意识不断增强的背景下，公众对于环境信息的公开化、透明化的要求日益凸显。环境知情权就其本质而言，包含不可分割的两部分，其一是公众获取环境信息的权利，与之相对应的，其二是公布环境公众信息，则是政府及相关环境部门的义务。正如朱谦教授进一步指出的，环境知情权的权利主体包括自然人、法人和其他社会组织，义务主体主要是因掌握绝大多数环境信息而负有信息公开义务的环境公共当局，某些情形下

---

[1]　参见史玉成：《论公众环境知情权及其法律保障》，《甘肃政法学院学报》2004年第2期，第55页.王文革：《环境知情权的法律保护》，《环境污染与防治》2008年第3期，第78页.

[2]　参见谢军安：《论我国环境知情权的发展完善》，《河北法学》2008年第5期，第23页.

[3]　参见徐祥民：《对"公民环境权论"的几点疑问》，《中国法学》2004年第2期，第116页.

包括排污单位[1]。

（二）环境知情权的价值

环境知情权是公众参与环境治理的前提，只有充分了解生态环境信息，才能在参与阶段有的放矢。首先，笔者认为也是最为重要的一点，公众只有全面了解环境信息，才能正确面对，才能有效维护自身环境利益。在缺乏环境知情权的法律制度下，公众不清楚自身处于一个怎样的环境当中，当危险来临之际，公众不清楚污染源是什么，不清楚污染以何种途径传播，更不清楚污染将给自己造成何种损害，此种情况下，公众对于污染的预防和采取的措施均是盲目的、无序的，更无法有效配合政府的环境行政行为。其次，环境知情权有助于公众对于排污者环境污染行为及政府环境行政行为的监督与制约。政府和企业作为公众环境知情权对应的义务主体，负有及时、全面、准确公开环境信息的义务，公众只有充分了解哪些属于企业禁止排放的污染物及污染物的排放标准，才能对企业生产经营行为中的污染物排放进行有效监督；公众只有充分了解政府负有哪些信息公开的义务，哪些属于政府必须公开的环境信息，及政府环境管理的状况，才能就政府环境行政行为进行有效监督，进而对企业污染行为与政府行政行为形成有效制约。最后，环境知情权有助于政府环境决策的科学性。台湾学者叶俊荣先生曾经指出，政府部门的环境决策行为受到几个方面的制约：第一，高科技在环境领域的广泛应用，导致决策风险提高；第二，环境领域利益的冲突与平衡，导致环境决策的裁量空间扩大；第三，环境决策受国际社会影响；第四，环境决策涉及代际环境利益冲突问题[2]。环境问题复杂且特殊，必须通过加强政府与公众间的沟通交流，通过程序理性克服行政决策在科技与事实上的弱点[3]。因此，必须建立健全环境信息的公开制度，保证公众在知情的基础上，参与到环境行政决策中。公众的参与是有针对性的、有效的参与，才能提升政府环境决策的科学性。

---

[1]　参见朱谦：《环境知情权研究》，2005年中国法学会环境资源法学研究会年会论文.

[2]　参见叶俊荣：《大量环境立法：我国环境立法的模式、难题及因应方向》，《环境政策与法律》，中国政法大学出版社2003年版，第85-87页.

[3]　参见朱谦：《论环境知情权的价值基础》，《政法论丛》2004年第5期，第26页.

二、环境知情权的立法与实践考察

（一）环境知情权的立法现况

权利法定，只有在法律中明确的权利才能得到有效的贯彻实施，在我国现有法律体系下，对于公众环境知情权的规定，从《宪法》《环境保护法》到环境保护单行法、行政法规及部门规章中均有体现。对于公众环境知情权的规定与保护，体现在环境信息公开的各个方面，包括信息公开的权利义务主体，公开的内容及救济方法等。自2003年《环境影响评价法》和《清洁生产促进法》对于公众环境知情权、环境信息公开的初步立法，到2008年《环境信息公开办法（试行）》提出17类必须公开的环境信息，再到2014年《国家重点监控企业自行检测及信息公开办法（试行）》在信息公开的义务主体方面，强制要求国控污染源实施自动公开检测数据，直至2015年新《环境保护法》首次以专章明确信息公开和公众参与，可见国家正通过立法渐进完善环境信息公开、公众环境知情权保护的法制化和系统化进程。以水污染为例，2006年，据不完全统计，全年共收集到污染源数据不足2 000条，而到了2016年，全年收集的水污染数据达到7万余条，数据的现实变化，客观反映了我国环境信息公开的历史进步。据IPE[1]2017年蔚蓝地图统计，至2017年底，对于违规建设项目清理的信息进一步公开，全国31个省（市），均根据国家规定发布了违规违法建设项目清理名单，共涉及62万余项目。数十万家企业的环境污染问题首次暴露在公众视野内，极大维护了法律赋予公众的知情权，也为公众监督权的行使提供了支撑。

（二）环境知情权的实践检视

事实上，环境信息的公开内容可以区分为污染源环境监管信息、污染源企业自行公开信息、政府对于公众环境信息公开的回应和环境影响评价信息公开四个具体环境信息公开内容。就污染源环境监管信息公开的具

---

[1] "IPE" 公众环境研究中心（Institute of Public and Environmental Affairs, IPE）。

体情况而言，公开的环境监管信息日趋完整化、系统化；就环境行政处罚而言，大多数城市选择通过行政处罚决定书的形式，将其监管的污染源的违法事实、处罚依据、处罚结果等信息向社会予以发布。江苏、安徽等地更是搭建了"行政许可和行政处罚等信用信息公示"系统，力求向社会全民公示各个部门、各个地区的污染源的监管信息。就企业环境信用等级评价信息的公开而言，更多的城市加入到环境信用等级评价中来，能够按照《企业环境信用评价办法（试行）》等相关法律规定，对于企业进行环境信用等级评价，并将评价结果向社会公开。山东省率先搭建了企业环境信用评价信息管理系统，对于企业信用评价全程予以公开，企业违法违规信息及计分情况在系统中均可查询，对于接受环境行政处罚的企业，在按照要求整改后，可以向计分的环保部门提交整改报告，由环保部门根据其整改情况更新其企业环境信用评价等级。江苏省更是以企业环境信用评价等级结果为依据，实行差别电价和污水处理费用，以推动企业自觉遵守法律法规。就政府对于公众环境信息公开的回应情况来看，大多数地区的环保部门开通了政务微博，改变了传统公众只能通过传统媒体了解政府信息的被动模式，实现了"点对点""多对多"的传播模式。大部分城市能够通过政务微博受理公众环境投诉举报，同时，自2015年6月5日"12369"环保举报微信公众号上线以来，更多的人选择通过该平台举报环境问题，真正做到了"每一部手机都是一个移动的环境监测站，每一位公众都是环境监督员"。就企业自行排放数据公开情况来看，根据新环保法、新大气法、《国家重点监控企业自行监测及信息公开办法（试行）》等企业自行公开环境信息的法律规范的规定，企业有义务将其污染物排放情况向社会公开；就各地企业自行污染数据排放显示，基础、常规污染物排放数据公布的比例较高，达到90%，但是特征污染物及危废转移、处置排放量的公布数据相对较低，在50%左右，虽较之以往保持了良好的上升态势，但是公布比例还稍显不足；就环境影响评价信息的公布情况来看，大部分城市能够在环境影响评价过程中公开环境影响评价报告书全文，环保部门在受理、拟审批环评报告期间，均会设定合理期间进行公示，征求公众意见。但是，对于公众意见的征求，还是流于传统的调查问卷、张贴公告等形式，公众极易"被参与"。2015年，环保部就曾针对此种情况，点名批评了15个环评项目。这些项目涉及的问题包括：被调查者无法取得联系或被调查者表示根本未参与过调查、部分被调查者的调查意见甚至被私自篡改、环评流于形式、在环评阶段未能充分保障公众知情权及其他合法权益等。

三、环境知情权的发展趋势分析

信息的不对称，是造成公众对政府不信任的根源。信息掌控在政府手中，政府根据政策或城市发展需要，对于环境信息不是一概予以公布，而是挑选对其业绩增长有利的环境信息加以公布，无疑是造成此种信息不对称的根本原因。公众只有了解了政府是怎样提供环境信息的，提供了哪些环境信息，又是如何保护环境的，才会愿意与政府沟通和协商，进而配合政府的环境保护工作。

根据《环境保护法》第六条的规定，在我国一切单位和个人均负有保护环境的义务，而在该法第五十三条中规定，公民、法人和其他组织依法享有环境知情权，这意味着参与环境保护的义务主体没有任何限制地包含了任何自然人，但是在赋予权利的时候，却仅赋予具有本国国籍的自然人，排除了外国人和无国籍人，这样规定的合理性明显遭受质疑。事实上，纵观世界各国的环境立法及环境领域的全球性或区域性的公约，将自然人作为环境知情权的权利主体已得到普遍承认。如日本的《信息公开法》使用的是"任何人"作为知情权主体，美国的《信息自由法》也有类似规定。《奥胡斯公约》中使用的同样是任一自然人主体作为知情权的权利主体，此种将环境知情权的权利主体普惠至任何居住在本国的自然人的做法已经逐渐被各国立法所采用[1]。从权利与义务的对应性分析，同样应当赋予外国人和无国籍人以环境知情权，不能仅让其承担环境保护的义务，而不赋予其获取环境信息的权利，故笔者建议扩充环境知情权权利主体至自然人，而非仅限定为政治色彩浓厚的"公民"。

---

[1] 参见王文革：《环境知情权保护立法研究》，中国法制出版社2012年版，第47页.

《环境保护法》就政府和企业公开的环境信息的内容的规定，体现在该法第五十四条、五十五条和五十六条，分别规定了各级政府环境主管部门及负有环境监管职责的部门应当公开的环境信息范围、重点排污企业应当公开的环境信息范围，及应当编制环境影响评价报告书的建设单位的环境信息公开义务；同步实施的《企业事业单位环境信息公开办法》进一步就政府与企业需要公开的环境信息的具体内容进行了规范，但是，仍存在一些问题。一方面，就公开的方式而言，仅规定了政府和企业主动公开的方式，没有规定公众依申请公开的方式；当然，没有规定不意味着公众没有此项权利，但没有此项规定，意味着在公众申请公开一定的环境信息时，政府和企业没有必须履行公开环境信息的义务，政府和企业有选择的自由，可以选择公开或者不公开，这对于公众知情权的保护十分不利。另一方面，《企业事业单位环境信息公开办法》第六条规定，对于涉及国家秘密、商业秘密和个人隐私的，依法可以不公开；那么，由谁来确定环境信息到底是否涉及国家秘密、商业秘密或个人隐私，这其实赋予了政府较大的自由裁量的空间。笔者建议效仿《奥胡斯公约》明确环境信息公开的例外。《奥胡斯公约》对政府环境信息和企业环境信息公开的例外均进行了严格的界定，同时，《〈奥胡斯公约〉执行指南》就《奥胡斯公约》中没有明确界定的部分给予了详细解读，此种做法值得我国借鉴。

第二节　环境决策参与权

要实现环境善治，必须重视公众参与。我国目前就环境污染的治理已然从早期污染发生后的补救转为现阶段的预防为先，而环境的预防离不开公众，公众日常生产和生活与环境密不可分，只有充分调动公众参与环境保护的热情与积极性，让各种利益集团都能够在积极地参与环境事务中表达各自的利益诉求，才能实现利益的平衡，在不断地沟通下，才能寻求利益制衡点，找到利益妥协的方式和途径，才能最终化解因环境利益产生的各种社会冲突及公众与政府间的矛盾。

一、环境决策参与权的界定

（一）环境决策参与权的概念

环境决策参与权是公众参与权最为核心的内容。公众参与应当是能够产生法律效力的参与，即参加人所提出的意见和要求是否能够对行政决策的最终结果产生影响，以及产生多大程度的影响[1]。环境保护公众参与的效力，更多的是针对政府的环境行政行为而言，即公众在环境保护各个领域与各个阶段的实际参与行为，是否影响到行政机关的环境行政行为，最终影响到行政机关的行政决策。但我国现行法律法规中，有关公众参与环境决策权的规定较少，且没有明确给予界定。《环境保护法》作为环境基本法也仅以第五十六条规定了建设项目环境影响评价中的公众参与环境决策的部分权能。笔者认为，对于公众的环境决策参与权可以参照行政法上的行政决策参与权加以界定，行政法学者通常将行政决策公众参与权界定为公民通过法定途径和程序参与行政决策，行政决策结果要体现公民意志，同时，公民有权对行政机关的行为进行监督的权利[2]。由此，公众环境决策参与权同样可以界定为公众通过法定程序和途径参与环境决策过程，环境决策结果以体现公众意志为其合法性保障，参与过程公开，参与结果公平。

（二）环境决策参与权的功能

公众参与被视为是民主的基石，各级政府机构在从事行政管理行为和作出行政决策时，均被寄期望于广泛吸纳公众的参与，听取公众的意见。公众的有效参与，能够保证政府决策取得合法的程序性设计，同时保障政府决策从实质上确保其有用有利，合乎道德及成本经济。国际公共参与协会曾于1990年就公众参与绘制了公众参与图谱，提出了五点循进式参与过程：告知，咨议，介入，协作和赋权。在不同参与过程中，公众参与的效

---

[1] 参见刘福元：《公民参与行政决策的平衡性探寻》，《国家检察官学院学报》2014第2期，第87页.

[2] 参见李国旗：《论行政决策中的公众参与权》，《理论与现代化》2012年第5期，第85页.

力不一样。

在环境领域的公众参与，同样适用该图谱。图谱中每个过程对应了不同的公众参与的目的，公众被赋予的参与的权限和共享决策的程度是不同的，体现了不同的公众参与的效力等级。图谱中第一个层次是告知。在这个过程中，政府负有向公众提供客观、真实的信息的义务，公众仅享有知情权，无法实际共享政府的决策权。因此，在这个过程中，公众参与的效力等级最低。第二个层次是公众咨议。在这个过程中，政府只是倾听和了解了公众的期盼和担心，给公众提供一个沟通和反馈的渠道，公众实质上仍然没有共享行政决策的权利。第三个层次是介入。在这个过程中，公众的担心和期盼能够直接反映到政府的决策中来，介入进政府决策权，虽然介入程度很低，但是对于公众实际参与分享公共决策意义重大。第四个层次是协作。在这个过程中，公众共享决策的程度达到了较高程度。公众的意见会最大限度的得到考虑，并实际有效的融入进政府的决策中。公众参与效力较高。最后一个层次是赋权。赋权过程是最高程度的共享决策权，因为在这个过程中，政府将决定权交到了公众手里，政府将执行公众的决定。在这五个层次中，公众参与的效力是由低到高的。

二、环境决策参与权的立法与实践考察

（一）环境决策参与权的立法分析

在我国，2005年国务院《关于落实科学发展观加强环境保护的决定》要求："企业要公开环境信息。对涉及公众环境权益的发展规划和建设项目，通过听证会、论证会或社会公示等形式，听取公众意见，强化社会监督"。2006年的《环境影响评价公众参与暂行办法》对于公众参与环境影响评价的一般要求，组织形式等内容作出了详细的规定。2014年新修订的《环境保护法》第五章集中规定了信息公开和公众参与。其中，对于公众参与，主要反映在第五十六条、五十六条和五十八条，分别规定了建设项目环境影响评价的参与、环境污染和生态破坏的举报、环境公益诉讼等事项。2015年1月7日起实施的《最高人民法院关于审理环境民事公益诉讼案

件适用法律若干问题的解释》则从起诉资格、案件审理、救济方式等众多方面，夯实了社会组织等主体在环境司法领域内的参与广度和深度。

（二）环境决策参与权的实践考量

结合我国实际，在环境保护领域，笔者认为公众参与的效力既不能过高，也不能过低，公众参与应是适度合理的参与。公众参与效力过低，即意味着公众在参与程序中所提供的证据、建言、异议没有得到政府的任何反馈和采纳，对行政机关的行政决策没有任何约束力，结果就是使得公众参与纯粹地沦为行政机关取得行政决策程序合法性的工具，此种现象是应该避免的。但是这并不意味着行政机关作出的政决策必须由公众来决定，不意味着公众将最终享有行政决策的权利，公众参与的效力也不能过高。公众参与环境行政决策，往往出于自身私益角度考虑，即便是环保组织，在参与环境决策时，同样不可避免地只会代表部分公共利益，而无法涵盖整体社会的环境利益，参与决策的立场不同，代表利益的群体不同，因其均无法从社会整体利益、公共利益角度出发，故均会对行政决策产生不利影响。如果行政决策完全被公众意见所绑架，会降低行政决策的质量，同时也会降低行政工作人员的责任心。

故笔者认为在环境行政决策过程中，公众应适度、合理地参与。一方面，要赋予和保障公众在环境行政参与中程序性和实体性权利的实现。公众的正当、合法、合理性建议应当得到有效回馈和合理采纳，公众的正当合法利益应当得到保护。另一方面，公众参与的权利不能剥夺行政机关的最终的行政决策权利。行政机关在作出行政决策时，应充分考虑公众合理意见，但是不能被公众意见所绑架，应从社会整体利益、公共利益出发作出相关行政决策，行政机关的行政决策一经作出即依法发生法律效力，应当具有公信力和存续力，非经法定程序不得推翻。

三、环境决策参与权的发展趋势分析

公众参与环境行政决策，是现代民主的具体体现，赋予公众以环境决策参与权，保证公众以平等主体身份与其他社会主体及行政主体进行平等协商的对话，才能有效保障形成科学、民主、公正的环境决策。公众参与权实现的程度，对决策的正当性、合理性甚至合法性起着至关重要的作用，我国现实面临的问题是环境政策的落地陷入了公众参与不足的困境[1]。结合国际发展趋势，笔者认为我国环境决策的公众参与权可以从以下几个方面进行创新。

1. 环境决策模式的民主化转型。我国长期以来，在各项行政决策形成过程中，均是政府主导下的"控制—命令"型决策形成模式，作为一个单一制的民主集中制国家，采取此种模式，可以有效集中人力、物力和财力，应对实际问题，但是不可避免地会造成决策结果与实际不符、政策效果低下的问题。赋予公众参与环境决策权，改变传统决策模式，由公众自下而上形成决策导向，辅之以多元主体的多中心、网络化意见表达机制，以此保障环境决策的实质与形式的合情、合理与合法。

2. 完善环境决策过程中的程序性设计，尤其是各方利益群体的论辩与质证环节[2]。根据《环境保护公众参与办法》第四条的规定，公众参与权的实现主要通过政府部门组织问卷调查、座谈会、专家论证会、听证会等形式，第五至第八条分别就各种形式的具体展开进行了解释，但是，第一，以《环境保护公众参与办法》的形式作出规定，效力等级过低。第二，对于各种具体形式的规定过于笼统、抽象，易导致实践中公众参与流于形式。第三，征求公众意见等主要由公众参与的事项不属于必经程序，实践中政府部门习惯于以专家论证取代公众意见[3]。调查问卷、座谈会等形式，旨在通过公众与政府部门的沟通，保证政府部门的决策能够兼顾各方利益，在缺少有效的信息碰撞与对流，没有辩论与质证的情况下作出的决策，无法实现各方群体利益的平衡，不能得到公众的承认与认可。

3. 建立义务主体的及时有效的反馈机制。公众参与重在全过程参与，

---

[1] 参见徐凌，钟其红：《环境政策中公众参与模式创新研究》，《广州大学学报（社会科学版）》2017年第7期，第72页。

[2] 参见周珂，史一舒：《环境行政决策程序建构中的公众参与》，《上海大学学报（社会科学版）》2016年第2期，第21页.

[3] 参见蔡定剑：《公众参与：风险社会的制度建设》，法律出版社2009年版，第21页.

包括决策初期、决策过程中与决策末期，对于决策末期公众参与的结果，政府是否采纳以及拒绝采纳的理由，应当及时向公众公布。但是，现行法律并没有规定政府对公众参与结果的回应与反馈机制，仅在《环境保护公众参与办法》中以第九条规定，环境保护主管部门应当对公众意见进行整理和归纳，在决策时充分考虑，并以适当方式反馈给公众。但是此条规定并没有就何时公布以及具体采取何种形式公布进行明确界定，实质上在实践中政府部门并没有按照要求履行结果反馈义务，并且政府部门在拒绝采纳公众意见时，其拒绝的理由是否合理，是否有第三方进行评估与监督，均缺少相应的法律规定。政府部门作为公权力的代表，其公共权力的运用，只有在及时回应公众要求的情况下，才能够得到公众的理解和支持[1]。故有必要以法律的形式与法律的位阶，建立义务主体对于公众意见的回应与反馈机制。

第三节　环境表达权

在环境保护中，涉及多元利益主体，分别具有不同利益诉求，只有允许这些主体能够自由、平等、公开地表达自身有关环境利益的主张、观点和看法，才能将不同利益集团的利益进行协调、平衡，才能有效化解社会矛盾，实现环境治理领域的公平公正。

一、环境表达权的界定

（一）环境表达权的含义

环境表达权是表达权在环境领域的具体体现。对于何谓表达权，学界对此认知不尽相同。表达权是中共十六届六中全会提出的概念，在此之

---

[1]　参见张红梅：《协同应对：公共危机管理中的公众参与》，《公共行政研究》2007年第6期，第68-71页.

前，有学者从表达自由角度解读表达权，认为公民在法律规定的条件和情况下，有通过各种媒介，传递思想、观点、情感、知识等内容而不受他人干涉的自主性状态[1]。在表达权这个概念提出后，学者更倾向于从权利角度对其进行解读，认为表达权是公民依法享有的，通过一定介质或方式表达自己的意见、主张、见解而不受他人干涉的权利[2]。表达权是公民基本权利范畴，应当由法律加以规定和保障，尤其是环境法领域，在环境公共利益面前，存在各自不同的利益群体，应当允许其通过法定的方式和途径表达自身的环境利益诉求，故在环境法领域研究公众的环境表达权具有重要意义，吕忠梅教授同样关注到公众表达权的重要意义，给出了环境法领域公众表达权的定义：环境表达权是指公众通过各种途径，公开发表自己有关环境保护思想、观点、主张和看法的权利[3]。

（二）环境表达权的作用

环境表达权的价值或者说功能，可以从人的属性入手进行分析。人具有自然属性和社会属性两种属性，就人的自然属性而言，环境表达权有助于个体的自我实现[4]。个体对于自身利益最为了解也最为关切，当环境公共决策影响到个体环境利益的时候，个体有权利以直接或间接的方式发表自己的意见和表达自己的态度，个体的价值通过个体的表达显现。只有允许个体自由的表达，才能让他人了解个体的立场与态度，才能对个体起到自我界定与标识的作用，才有助于个体的自我实现。就人的社会属性而言，一方面，环境表达权是构建和谐社会的缓冲器。解决社会矛盾与冲突有两种方法，一种是压制，另外一种是疏导。显然，压制不能有效解决社会矛盾与冲突，压制只会暂时缓解，当压制达到一定程度时，必然引发反抗，只有采取疏导的方式，让公众自由表达，公众情绪得以舒缓，公众心

---

[1] 参见甄树青：《论表达自由》，社会科学文献出版社2000年版，第33页.王四新：《网络空间的表达自由》，社会科学文献出版社2007版，第1页.王锋：《表达自由及其界限》，社会科学文献出版社2006年版，第6页.

[2] 参见冯玉军：《让人说话，天不会塌：解析"表达权"》，《人民日报》，2008年1月30日；章舜钦：《和谐社会公民表达权的法治保障》，《法治论丛》2007年第4期，第11-12页.

[3] 参见吕忠梅：《公众参与还应弥补程序短板》，《环境经济》2015年第9期，第12页.

[4] 参见顾小云：《言论自由对个人、国家和社会的价值》，《理论探索》2006年第6期，第134页.

理得以调节，社会压力有宣泄的出口，才会减少突发事件，才能有效避免群体性事件，进而维护社会稳定。另一方面，环境表达权是民主政治的必然要求。人生而自由，政治合法性源"公意"，对于现代民主政治而言，政府建立在公众同意与授权基础上、多数表决的结果会影响公共决策甚至是政府的更迭。统治者统治的合法性源于其定期的取得民众的自由表达基础上的同意，且这种同意不能是简单的沉默[1]。同时，允许公众自由表达，可以预防暴政及监督政府行政行为。

二、环境表达权的立法与实践考察

（一）环境表达权的法律规定

公众在获取环境信息，政府提供渠道能够参与环境决策基础上，更为关键的是公众要拥有自由表达意见的权利。表达权作为公民的一项基本权利，在世界范围内被绝大多数国家所认可。《世界人权宣言》《公民权利和政治权利国际公约》等国际性文件中均将表达权作为公民的基本权利加以规定。

我国公众表达权的直接法律基础是《宪法》第三十五条，按照该条规定，我国公民在法律规定的范围内，按照法律规定的形式，享有言论、结社、集会等自由，有权自由表达自己的意见和看法。《环境保护法》虽然没有明确规定公众的环境表达权，但是从义务主体的角度提出各级环境保护主管部门要为公众参与和监督环境保护提供便利，建设单位应充分征求公众意见。在《环境保护公众参与办法》中，第四条明确了公众表达的具体途径，但是从现有法律规定来看，在上位法已然确定了公众的表达权为基本权利前提下，《环境保护法》中同样应对公众的环境表达权加以明确规定，从权利的角度正面规定较之从义务主体的角度加以规定，更能够彰显政府对于公众权利的实现的关注，更能够彰显以人为本的行政理念，提升公众对政府的信任度。

---

[1] 参见顾肃：《理想国以后》，江苏人民出版社2006年版，第60页.

（二）环境表达权的实践审视

当然，公众环境表达权的实现，不是没有任何限制的，权利应当依法行使，权利不能被滥用。公众在行使表达权时应当选择法律范围内的合法的方式，符合法定程序的行使表达权，唯如此，才能减少与行政机关的对抗性抗争，才能使政府认真倾听公众的呼声，实现环境善治。

首先，在生态环境保护领域，基于生态环境人类共享的特质，决定了世界范围内以生态环境为生存基本条件的人类均享有环境表达权。在我国，公民表达权以最高法律形式《中华人民共和国宪法》形式予以确定，故我国公民、法人或其他社会组织均有权就自身环境权益发表看法、主张，提出意见和建议，不因主体民族、性别、职业等的不同而有所差异。就表达的内容而言，在生态环境领域，基于生态环境的公益性质，故有关生态环境的表达，只要不包含反动言论，原则上根据法不禁止即自由，我国公民、法人或其他组织可以就有关生态环境领域的各个方面提出看法、主张和意见。其次，在互联网广泛应用、信息技术高速发达的时代，人们更多地会运用信息网络技术进行沟通与交流，发表自身对某一问题的看法，生态环境领域亦是如此。自媒体的应用，终结了传统媒体时代精英阶层的领导权和话语权，网络的草根性，模糊了人们的身份、教育层次、家庭情况等社会属性，人们可以平等地利用网络发表言论，当人们发现周遭生态环境遭到破坏时，可以平等地将所见所闻通过公共平台公之于众，摆脱了现实生活中现实权力与金钱等的束缚，有力地调动了人们保护生态环境的积极性，激发了人们参与生态环境保护的热情。再次，网络的强大定位功能，使得用户可以实时使用、分享他们所在的位置，告知人们自己的"在场性"，这无疑增强了生态保护领域信息发布的真实性。人们发现破坏环境的行为，直接可以通过该功能，锁定被破坏环境的位置所在，获得人们的认同感，在跨时空、跨媒介的"在场"交流过程中，实现生态环境信息的互通，对保护生态环境、维护公众生态环境权益有重要意义。移动互联网时代，受制于号码绑定、网络实名认证等互联网举措的实施，准实名性正逐渐取代匿名性。实质上，无论是实名还是匿名，发表不正当言论，滥用表达权的行为均是破坏社会稳定、影响安定和谐社会生活的，均是应当被禁止的行为。在环境保护范围内，人们行使表达权往往是出于公益目的，故实名与否，对于人们表达权的行使无实质影响。

三、环境表达权的发展趋势分析

在环境民主原则的引导下，公众如何有效行使环境表达权，切实参与环境行政行为，进而影响环境决策活动成为环境法领域日益被关注的问题。笔者认为，要提升环境行政决策的科学性与民主性，引导公众合法、合理地行使环境表达权，需要在今后公众参与环境治理中注意公众环境利益表达的组织化提升。

以往实践表明，个体化的公众表达往往以非理性的方式出现。以厦门PX事件为例，在该事件中，公众以游行、示威、围堵市政府等非理性的表达方式，表达自身对政府行政行为的不满，造成了极其恶劣的影响。该事件充分说明，当公众缺乏一个有组织的集团充分代表自己的利益时，任何一个偶然的事件均有可能触发人们压抑已久的不满情绪，并向着难以预料或控制的方向发展。

分散、未经组织的公众，在表达自身利益诉求时会呈现无所事事与无所顾忌两个极端，无论哪种选择，均说明公众采取有效行动能力的匮乏。将分散的利益组织起来，以组织化形式出现是有效避免非理性群体事件的主要方法[1]。利益组织化，指在利益高度分化的社会中，分散的利益主体以利益的基本一致为基础联合，并以一定的组织结构约束此种联合的状态[2]。利益组织化的形式，一方面，公众个体在组织内部，可以分享组织的利益成果，同时，分担组织的运营成本，减少个体行动的成本与盲目性；另一方面，组织在行动的同时，有能力将个体行动整合，协调个体的利益，将行动控制在理性范畴内，避免了聚众带来的非理性抗争风险。公

---

[1] 参见朱谦：《公众环境行政参与的现实困境及其出路》，《上海交通大学学报（哲学社会科学版）》2012年第1期，第35页.

[2] 参见王锡锌：《公众参与和行政过程：一个理念和制度分析的框架》，中国民主法制出版社2007年版第221页.

众个体的不同的利益诉求，在组织内部经过过滤和消解、协调，最终以组织的形式加以表达，会更为集中，更加有影响力，也更为政府所接受。政府在与组织进行沟通时，也更节约公共资源，沟通也更为有效率和更能产生效力。因此，公众环境利益应当以组织化形式加以表达。

第四节　环境监督权

权力易被滥用，权力需要被设置行使的边界。基于权力自身的本性，权利恰好形成对其强有力的制约[1]。在环境治理方面，一方面，政府的环境行政权力存在被滥用的风险，另一方面，企业的生产经营行为，存在污染物排放超标的风险。此两种情况均需要公众行使监督权，以规避政府滥用职权和企业违规排放污染物的风险。

一、环境监督权的界定

（一）环境监督权的内含

监督权是公民对国家机关及其公职人员行使环境公权力行为进行监督的权利[2]。环境监督权的范围包括三个主要方面：对于环境立法、环境决策的监督；对于环境行政执法行为的监督；对于权力机关、公职人员在环境管理过程中的不作为、滥作为等滥用权力、贪腐行为的监督。赋予公众环境监督权意义重大。首先，任何权力均应处于监督之下，没有监督和制约的权力将会导致权力膨胀，出现权力被滥用的情况，而在环境领域，因环境的不可修复性，此种权力被滥用导致的破坏力是极其巨大的。监督能够保障环境公权力行使的合法化，是环境公权力正当、合理行使的必要条件。其次，权力机关在从事环境立法、执法等行为的时候，存在不能及时

---

[1]　参见张文显：《法哲学范畴研究》（修订版），中国政法大学出版社2001年版，第398页.

[2]　参见吕忠梅：《公众参与还应弥补程序短板》，《环境经济》2015年第9期，第12页.

发现并解决环境问题的情况，必须借助公众的监督行为，倒逼公权力在权力行使过程中不断自我调节，自我纠错。

公众环境监督权的对象包含两大类，其一，是以政府为代表的公权力。政府和公众的关系，本质上是一种委托关系。公众委托政府进行公共事务的管理。公众对于政府的监督实质上就是委托人对于被委托人的监督。此种监督权源于我国宪法权利。政府在行使环境管理权限时，易从自身利益出发，为追求利益最大化，而挪用、私用公权力，导致权力滥用，此时，需要公众对于政府行为进行监督。公众拥有对政府行为的批评和建议的权利，申诉、检举和控告等权利，这些权利的行使，能够有效抑制政府行为的膨胀和滥用。其二，是制造了环境污染行为的企业。企业为实现自身经济利益的增长，会作出无视环境污染的行为，依靠企业自身自我规制很难防控污染行为，政府也囿于体制及政府绩效等原因，无法全面及时发现并处理污染企业的污染行为。公众监督权的行使很好地制约了企业在生产过程中的污染行为。公众通过向有关主管部门检举揭发企业污染行为，或通过社会组织提起环境公益诉讼，实现对于企业污染行为的监督管理，制约企业的污染环境的行为，是对政府行政行为的有益补充。

（二）环境监督权的意义

公众环境监督权是公民权利的体现。政府权力来自公民的授权，公民将自身享有的管理国家、处理行政公共事务的权力让渡给政府，由政府在公民的授权范围内行使行政权力。政府在行使环境行政职权时，易产生权力滥用，一方面，为追求经济绩效而牺牲环境，另一方面，为寻求地方财政增长，放任地方企业的环境污染行为。对于政府的权力滥用，在政府行为与公众意愿间出现矛盾时，公众的环境监督权可以有效规制滥用职权的行为，维护公众合法环境利益。同时，在企业无视法律、法规进行污染物排放时，公众可以对企业的生产经营行为进行监督，以公众监督敦促企业进行绿色生产；也可以通过公众的消费观念等的转变，促进企业以绿色发展理念布局企业生产经营行为。因此，公众监督权的行使，既是民主政治的体现，也有助于促进国民经济朝着绿色环保方向发展。

二、环境监督权的立法与实践考察

（一）环境监督权的立法现状

我国《宪法》第二条、第二十七条和第四十一条，是公众环境监督权的宪法基础。第二条规定，人民有权利通过各种途径和形式管理国家和社会公共事务；第二十七条规定，一切国家机关应当倾听人民的意见和建议，接受人民的监督；第四十一条规定，我国公民有权对国家机关或国家机关工作人员的违法失职行为提出批评建议，提出申诉、控告或检举。以《宪法》为基础，我国《环境保护法》第五十三条同样赋予了公众以监督环境保护的权利。第五十七条进一步规定了公众对单位和个人、各级政府的举报的权利。第五十八条规定了社会组织提起环境公益诉讼的权利。

（二）环境监督权的实践检验

对于污染环境行为和政府环境行政行为的监督，是法律赋予公众的权利。目前，在自媒体发达的网络时代，公众环境监督的形式日趋多样化。如在具有导航功能的软件上或网络地图上公布污染源的准确位置；在环境信息公开网站上公开企业排污情况，包括排放污染物的种类及排放标准、排污口设置位置等；将企事业单位排污口纳入市政管道的位置，并设立标志方便公众随时进行采样以监督环境污染问题；开放环保监测市场，环保监测业务市场化，有效推动公众环境意识及对企业污染行为实时监督。浙江省嘉兴市南湖区更是率先在环境行政执法环节推行市民评审团制度，为公众参与环境行政执法环节的监督进行了有益的尝试，让公众组成评审团参与到环境行政处罚的具体程序中来，在环境行政处罚案件的审议过程中，对行政机关的行政裁量权进行评议。据统计，该制度实施以来，共有200余行政处罚案件启动了公众评审团程序，处罚涉及金额约600余万元，公众评审团的形式，避免了行政机关在行政处罚过程中"同案不同罚""人情罚"等现象的出现，很好地诠释了"阳光执法"，增强了政府的公信力，同时，受罚的企业也心服口服。

环境信访可以视为是公众监督的一种有效方式。环境信访因其成本和门槛设置低而为广大经济基础薄弱、教育水平相对处于弱势地位的群体所喜好。在环境保护与治理领域，很多人选择环境信访而放弃环境司法，那么，作为一种治理制度，环境信访是否达到了制度设计的初衷呢？李连江教授认为，信访制度被过度政治化，没有发挥本应起到的连接中央与地方政府的作用，反而成为中央政府向地方政府单方向施压的工具，中央与地方政府间没有通过信访制度建立起相互间的信任[1]。地方政府作为沟通广大公众与中央政府的桥梁和纽带，也没有起到协调他们之间关系的作用。能否发挥地方政府的这一利益协调功能，是能否保证环境信访工作正常进行的关键性条件。

我国自上而下受理环境信访的机构，依次为环保部环境应急与事故调查中心、省级环境执法稽查总队、设区市级环境监察支队和区（县、市）级环境监察大队[2]。整体而言，环境信访是由环境监察机构负责的，该机构体系内部属于一种自我监督，该机构既有执法权又有信访监督权。此种体制内的监督与反馈机制的设定，无法克服官僚科层制组织模式的效率低下问题。良好政策的推行，必须借助于强有力的监督与反馈机制的运行，而此种体制内监督将监督渠道封闭，形成一种自我监督系统，将公众参与这种环境信访中的群众监督边缘化。

信访制度设立的初衷应是鼓励民众越级上访的。中央要了解民众的疾苦，了解民情，就要打开一切能实际联系群众的渠道，基层政府机构与群众联系已经很紧密了，信访设在基层不能发挥实际效用，越级上访成为群众表达心声的必然选择，越级上访，群众可以跨越地方官僚主义这个障碍物，中央能够直接倾听百姓诉求，这也是人民民主的体现形式。群众愿意上访也意味着群众对于政府、对于制度是选择信任的。但是，在鼓励群众信访的同时，中央又担心大量的上访会带来社会的不稳定，尤其是环境信访，环境问题具有公共属性，环境污染影响的不是一个人，而是一群人甚至更多群体，故环境信访案件中，往往表现为集体联合上访的形式。而

---

[1] 参见李连江：《重建信访制度关键在民意表达》，《理论学习》2013年第10期，第41页.

[2] 参见冉冉：《中国地方环境政治：政策与执行之间的距离》，中央编译出版社2015年版，第157页.

《环境信访办法》第十九条、第二十一条却对环境信访作出了诸多限制性规定，如多人提出同一环境信访事项的，应当推选代表，代表人数不得超过5人；信访过程中访民不得打标语、喊口号等。可见，政府越来越倾向于从维稳角度去处理环境信访事件，上述限制性规定也同样限制了环境信访作为公众参与环境治理途径的有效性。很多地方政府将环境污染引发的集体上访事件作为维稳的对象，采取截访、罚款、拘留甚至扭送精神病院等手段，压制群众的诉求。环保部门在谈到环境信访工作时，也多数将环境信访与维稳联系在一起，从维稳的角度解读环境信访工作。在威权的压制下，信访制度从减压变成了增压，民众在强力打压后产生了更强有力的反弹，甚至采取激烈手段如大规模环境抗争事件。信访之初不可否认公众对于政府是信任的，上访者希望中央政府能够帮助解决自己的难题，解答自己的诉求，但是，经历了不断被打压后，公众对于政府的信任在不断流失，公众不再相信环境信访能够承担体制内的公众参与环境治理的任务，转而寻求体制外的环境抗争行为。

三、环境监督权的发展趋势分析

环境信访作为一种公众监督的方式，对于信访制度的未来发展，有学者认为其是违背法治精神的，应该被限制抑或取代，也有学者认为其功能不可替代。笔者认为环境信访作为公众参与环境治理的有效方式，其功能和作用是不可取代的。国家之所以从维稳角度解读环境信访，根本原因在于国家既要公众参与到环境治理中来，同时，又担心在这个过程中形成的环境公民社会对国家权威的挑战。事实上，当代中国的国家治理秉承"政府负责、社会协同、公众参与"的理念，公众的广泛参与是国家治理不可或缺的必备部分。在环境治理领域，《环境保护法》等相关环境领域的法律法规也同样将公众参与提升到一定高度，以法律授权的形式加以定性。有为政府、成熟社会和现代公民共同治理的格局悄然形成。在三方共治中，只要各方治理主体明确自身价值定位，各司其职，那国家的权威就不会被挑战，中央与地方两级政府承担环境治理的主体责任，企业转变发展模式，寻求绿色技术创新模式，在政府监督下，从能源消耗模式转向绿色发展模式；公众从被动参与到主动参与，全方位、全过程参与提升公众参与的能力与实效。在共治理念下，提升公众参与的地位与实际运作机制和保障机制，科学有效的公众参与将促进政府主导下的"三方共治"机制有效发挥，将会极大改善环境现状以实现可持续发展。

此外，就诉诸法律方面，环境公益诉讼以维护环境公益、保护环境为终极目的，因其以实现公益为目的，排除私益，故与其他公益事务一样，面临着"搭便车""外部性"等集体行动困境，行之有效的起诉激励机制是环境公益诉讼所要解决的首要问题。如何激励起诉，使满足条件的社会主体愿意为了全体社会成员共享的环境利益而支出个人成本，同时，如何保证符合条件的主体所提起的公益诉讼均是切实以保护环境为目的，而不至于产生滥诉、恶诉等无意义之诉，这些均是公众参与行使环境监督权过程中所必须解决和化解的制度问题。

总体而言，环境监督权在环境治理领域是不可缺少的一项公众参与权利，但因多方面原因，我国公众的环境监督权出现了权利缺失的现象，环境监督权的缺失会使监督行为成为虚设[1]。夯实公众环境监督权，使公众环境监督行为能够落到实处，使公众的环境监督行为真正能够助力政府和企业依法行政与绿色生产是今后环境监督权的发展方向。以环境信访和环境公益诉讼两个方面作为切入点，一方面，在共治理念下要敢于让公众参与和监督，另一方面，又要掌握好公众监督的度，避免滥诉的发生。

---

[1] 参见张劲松：《论监督权的权力化》，《湖北社会科学》2002年第12期，第83页。

第四章　多元共治环境治理体系下公众参与权的行使

近年来，在环境保护领域国家和政府相继出台了大量政策文件及法律法规，从立法上明确了环境保护公众参与的合法地位，同时细化了公众参与的具体实施细则，对公众参与环境保护的原则、路径给予了细化。

第一节　多元共治环境治理体系下公众参与权的行使原则

法律原则是指法律的基础性真理、原理或是为其他法律要素提供基础或本源的综合性原理或出发点[1]。公众在行使参与权参与环境治理过程中，并非时刻能保持理性，而法律与其所规范的事物间存在永恒的矛盾，为更好地保证公众参与权的实现，在环境法律规则之外，就需要一种灵活与机动的成分，填补环境法律空白。

一、博弈下的公平原则

公平是千百年来人们不断为之追求的价值之一，不同的历史时期，人们对于公平的理解不同。英国学者斯坦与香德认为，社会公平指每个社会

---

[1]　参见张文显：《法理学》，高等教育出版社、北京大学出版社2011年版，第74页.

成员都有权利享受对人类有利的一切好处和机会，社会成员不应当被区别对待，有权利得到与他人相同的对待[1]。博登海默认为，平等是一个具有多种不同含义的多型概念。其范围包含机会的平等、法律待遇的平等和人类基本需要的平等[2]。综上，可以揭示出公平原则的基本内涵，即社会一切成员均有权平等地占有、使用和支配资源与平等地享有机会和适用法律的权利。笔者认为当代中国的公平至少包括权利公平、机会公平与规则公平。

（一）多元主体相对的权利公平

从权利与义务的关系分析，权利公平建立在权利与义务统一基础上。公众个体公众参与权的行使，以尊重他人权利为前提，同时，应主动履行自身作为公民的义务。权利与义务虽然在个体层面或存在数量上不均衡，但是，从社会整体层面而言，权利与义务的数量在绝对值上是相等的。在实践中，公众参与权可能存在现实的不对等，存在不公平的现象，这是权利与义务在个体层面的分离导致的，属于社会发展的正常现象。随着生态文明建设法治化进程不断推进，公众权利意识进一步觉醒，参与意识进一步增强，权利公平就能够在权利与义务相统一基础上真正得以实现。

权利公平彰显人的自由与尊严。基于环境公共物品的属性，人类无差别地享有在清洁环境中生存和生活的权利。公众参与环境治理的权利源于上述人的环境权，公众的参与权保障了人的自由与尊严，要实现权利的公平，社会个体就必须拥有自由和尊严。当然，自由不是仅争取自身利益的权利，应当认识到个人自由融于社会整体自由，个人自由不能超越集体自由。尊严是在自我尊重基础上赢得他人尊重的权利[3]，故在公众行使参与权时，应当协调好自我自由与尊严的实现与社会整体自由与尊严实现的关系。

权利公平受社会存在的制约，同时，权利公平不是绝对的公平而是相

---

[1] 参见［英］彼得·斯坦、约翰·香德：《西方社会的法律价值》，王献平译，中国人民公安大学出版社1990年版，第85页.

[2] 参见［美］E·博登海默：《法理学：法哲学及其方法》，邓正来等译，华夏出版社1987年版，第253页.

[3] 参见姚文胜：《论利益均衡的法律调控》，中国社会科学出版社2017年版，第73页.

对的公平。不同社会发展时期，公众参与权的内容与实现程度不同，即使在同一历史时期，公众参与权的内容也可能存在不同。笔者在前述公众参与权的权利主体中，曾论述将公众按照环境利益进行划分，可以分为有利害关系的公众和无利害关系的公众，就此两类公众，在参与权的内容与实现方式上，应当区别对待。对特定主体的权利加以区分，不是权利的不对等，而是为了实现社会整体的公平与正义。

（二）资源倾斜下的机会公平

机会是个体参与社会活动进而为自己争取利益的一种可能性，机会公平是指获取利益的机会向社会成员平等开放，以实现社会成员生存与发展发展的权利[1]。公众参与权的实现，不因公众个体家庭财富的多寡、受教育程度与社会地位的高低而有所区别，参与环境治理的机会平等地提供给任何社会成员，个体在公平合理的竞争环境中实现各自的参与权，为自己争取在清洁环境中生存与生活的权利。机会公平，在公众参与权实现过程中，具体要求阻碍特定人参与环境治理的任何人为的障碍均应该被清除；个体在参与过程中一律平等，任何个人不享有任何的特权；国家行政机关为公众参与权的实现而提供的程序性设计或制度保障，应当同等地适用所有社会成员。

当然，在机会公平面前，不能否认社会成员个体的差异性，个体在受教育程度、个体综合发展水平及对环境的关注程度的不同，这些差异影响着社会成员实现参与权时对机会的认知和把握能力。要实现真正的结果公正，对于综合素质较强的社会成员，应当尊重社会提供给他们的机会；而对于综合能力较弱的我们习惯称之为弱势群体的社会成员，应当适当向其倾斜一定的社会资源，这不是不公平，相反，这正是社会最基本道德底线的体现，是机会公平的最高层次的体现，这种底线正是社会得以存在和维系的终极力量[2]。忽视个体差异，单纯强调形式公平，将无法真正实现社

---

[1] 参见孟天广：《转型期中国公众的分配公平感：结果公平与机会公平》,《社会》2012年第6期, 第128页.

[2] 参见李薇薇：《平等原则在反歧视法中的适用和发展：兼谈我国的反歧视法》,《政法论坛》2009年第1期, 第129页.

会公平与正义。

（三）矫正恣意的规则公平

规则是一个集合概念，一个社会中包含很多不同种类的规则，诸如行业规则、道德规则、礼仪规则，当然，还有法律规则。这些规则在社会生活中构成一个有序的规则体系，对社会秩序起着维系作用，并有力保障社会成员的各项权利。

规则公平能够使社会成员产生强有力的社会认同感，减少不同利益群体的间的隔阂，最终形成积极的向上的力量，进而引导社会朝着公平的方向发展。只有规则公平，人们在行为时才能对自己和他人的行为产生合理预期，才能努力使自己的行为合乎社会绝大多数成员的价值选择与道德评价[1]。如果规则缺乏基本的公平，个体在行为时对规则没有起码的尊重，漠视规则，恣意而为，人们不能对他人行为进行预判，个体均从利己主义出发，寻求个人利益最大化，最终将对社会整体公平造成冲击。只有明确且公平的规则，才能在利益多元化的当下，引导人们正确行使权利，公众才能正确行使参与权，公众参与权也才能真正落到实处。

二、公众参与权的保障之合法原则

合法性原则贯穿生态文明法治建设的全过程，立法、执法、司法的各个环节，均需遵守合法性原则，合法性原则是现代法治建设的终极价值追求之一。

（一）以程序正当保障各主体规范参与

正当程序最早由英国的丹宁勋爵在司法领域提出[2]，至今，已发展成为现代法治必不可少的一项基本原则。具体到环境法领域，虽然《环境保护法》与《环境保护公众参与办法》均从实际出发，强化了有关公众参与的程序性规定，但是在实践中，仍需重视程序价值，弥补公众参与的程序

---

[1] 参加陈世平, 梁东兴, 郑芳：《规则公平何以可能》,《科学社会主义》2013年第5期, 第120-123页.

[2] 参见［英］丹宁：《法律的正当程序》, 李克强等译, 法律出版社1999年版, 第1页.

空缺[1]。

程序具有形式性，针对特定行为设定，包含时间要素和空间要素[2]。程序的特点，决定了各项权利的具体运行均离不开程序的保障。正当程序有约束恣意的功能。程序的对立物是恣意，因而程序的灵魂在于分化和独立[3]。在公众参与权运行过程中，正当程序同样可以通过定位决策者和参与者各自的角色，赋予不同的主体各自不同的权利与义务，实现对主体的牵制。决策者和参与者各自拥有不同的权利和义务，任意一方均不可以单纯仅享有权利而不履行义务，也不允许任何一方行使超越法律规定的权利。

公众参与权利，源自于实体法律规则的赋予，而公众参与权利的运行乃至最终的实现，则取决于正当的程序性规则的建立。正当程序是公众参与权实现的最有力的保障，缺乏正当程序的公众参与权，其实现将面临困境。近年来，经常发生的环境群体事件，即暴露了我国当下公众参与在程序方面的弊端。"重实体，轻程序"的问题在环境法领域并未完全解决，公众参与存在着参与渠道不通畅、参与环节不明确、参与时限不清晰、参与责任不完善等情况。在今后要高度重视程序的优先意义，通过程序设计，明确公众参与的具体内容、参与的具体步骤及参与的具体方式，明确界定各主体的权利行使的边界。

（二）以权力法定规范政府依法行政

公众参与权的实现与政府行政行为密切相关，作为保障公众参与权实现的义务主体，政府的行政权力必须符合法律规定，政府环境行政权力的实施不得侵害公众参与权，政府不得越权行政。

法律是公意的体现，人民以法律的形式赋予政府行政权力，政府行政权力合法化源自于体现人民意志的法律，法律可以看作是"全体人民对全体人民的规定"[4]。人民以法律形式授权政府的同时，也为政府权力划

---

[1]　参见吕忠梅：《公众参与还应弥补程序短板》，《环境经济》2015年第9期，第12页.

[2]　参见孙笑侠：《程序的法理》，商务印书馆2005年版，第16页.

[3]　参见季卫东：《法律程序的意义：对中国法制建设的另一种思考》，《中国社会科学》1993年第1期，第94页.

[4]　［法］卢梭：《社会契约论》，何兆武译，商务印书馆1980年版，第50页.

定了界限，政府权力的行使只能在法律规定的范围内，超越法律规定的行为属于越权行为，是无效行为。公众参与是法律赋予公众的权利，政府有义务为公众参与提供必要的途径，并依法行使行政职权，保障公众参与权的实现。政府权力来自人民授权，理应为公众利益行使行政权力，但是，实践中，政府并非完全理性，这是权力的特性决定的，权力一旦被授予，就存在被滥用的可能，故权力应当被限制，滥用权力者应当被追责。生态文明法治建设不应当允许存在政府责任的真空地带，政府违法实施环境行政，侵害公众参与权的行为必须受到法律追究。

三、以禁止权利滥用原则规避公众滥用参与权

民法的基本价值之一是行为自由，法官非有正当理由不得限制主体行使权利，那么在法律赋予主体以权利后，主体是否可以自由不加任何限制地行使权利？对此《民法总则》第一百三十二条以禁止权利滥用原则作出了回应。民法对于权利的保护，既为保护个人利益，同时亦为增进公共福祉，故个体在行使权利时，不能恣意而为，罔顾公共利益[1]。《环境保护法》中没有有关公众参与权的权利滥用方面的规制，对于公众滥用参与权的情形，可参考《民法总则》的相关规定。

（一）权利滥用的认定标准

权利滥用的判断标准，在权利更注重社会性内涵属性，及民法正经历向社会现实回归后，单纯以权利主体行使权利之际的主观恶意作为权利滥用的判断标准已逐渐显现出不适应性。随着权利社会化理念的不断深入，权利滥用的判断标准经历了由权利人的主观恶意向客观的利益衡量的转变[2]。

具体而言，在判断权利人是否滥用权利时，可参考一下具体的鉴别要素：首先，利益要素。从权利人权利行使的结果，使自己得利与造成他人

---

[1] 参见郑玉波：《民法总则》，中国政法大学出版社2003年版，第547页.

[2] 参见李洪健：《论禁止权利滥用原则中的私权保护：以一则"围墙拆除案"展开》，《河南财经政法大学学报》2019年第2期，第30页.

损失的结果间进行对比予以鉴别。损人不利己或者自己获利明显小于他人受损，则属于明显的权利滥用。其次，行为要素。权利滥用需具备权利外观[1]，即行为人有依据权利而主张利益的资格，当然，该行为损害了他人或公共利益，或至少存在损害他人或公共利益的可能。最后，意思要素。权利的行使应为实现正当利益，在追求正当利益的同时，不可以故意造成他人或公共利益的损失。

（二）私权与公共利益的衡量

禁止权利滥用原则发源于私法领域，但是，权利在被滥用过程中，不可避免地存在既损害他人的私益，又损害公共利益的可能性，如何在权利滥用过程中进行利益的衡量，成为必须解决的问题。

与具象化的个体私益相比较，公共利益具有抽象性、道义性的特点，在进行利益衡量的时候，公共利益会取得对于私益的绝对优势地位。尽管强调权利的行使不得损害国家、集体或公共利益是法律的一贯主张，但是也要防止公共利益以禁止权利滥用而限制个体与公众权利的行使。就环境法领域公众参与权的行使而言，由于环境法以保护环境公共利益为目的，故环境法赋予的公众参与权，其行使应当确保以维护公益为目的，法官在进行利益衡量时，应当一方面对公众参与的直接目的进行评判，另一方面将公益进行具体化为可衡量的客观利益，进而将两者进行比较。同时，公众参与权在环境法领域的行使具有公法性，与私法领域权利行使应当进行区分。公众在行使公众参与权时，不仅是为维护公益目的而参与环境治理，同时，公众参与权的行使也是对政府行政行为的一种监督和约束，故在判断公众参与权是否被滥用时，要考虑不能以公众参与权对于政府环境行政行为的监督与约束为由，来限制公众参与权的行使。至于个体以维护私益为目的而出现权利滥用，侵害他人合法利益的情况，则可以由民事法律如侵权行为法进行调整。

---

[1] 参见彭诚信：《论禁止权利滥用原则的法律适用》，《中国法学》2018年第3期，第250页.

第二节　多元共治环境治理体系下公众参与权的行使路径

近年来，在环境保护领域国家和政府相继出台了大量政策文件及法律法规，从立法上明确了环境保护公众参与的合法地位，同时细化了公众参与的具体实施细则，对公众参与环境保护的路径、方法给予细化。总结现阶段我国公众参与环境保护的路径，整体上可分为自上而下的官方主导的渠道和自下而上的民间自力救济渠道两种。

一、政府主导的自上而下行使路径

公众这支应对环境污染问题的生力军，力量强大，政府应当充分重视和调动公众的力量参与环境保护。政府有必要打破制度化渠道的单一和缺乏的困境，疏通公众参与的"自上而下"的路径。

（一）法律保障

政府以法律形式保障公众参与环境治理，主要体现在立法与司法两个方面。立法方面，1996年《国务院关于环境保护若干问题的决定》第一次提出公众有权参与环境保护。自此，《环境影响评价法》《环境保护法》等相继出台，并均对公众参与进行了规定。为切实保障公众参与权的有效落实，环保部还陆续出台了部门规章，以作为法律的配套实施。整体上看，我国环境立法对于公众参与权的规定经历了从形式化到权利化的演进，切实起到了从立法方面对于公众参与权的保障[1]。司法方面，对于公众参与权的保障主要围绕环境公益诉讼展开，尤其是以检察机关提起环境公益诉讼作为切入点，有力保障了公众参与权的实现。

---

[1] 参见王秀哲：《我国环境保护公众参与立法保护研究》，《北方法学》，2018年第2期，第105页.

（二）行政告知

政府的行政告知主要反映在信息公开领域，笔者将新《环境保护法》第五章的规定进行梳理，发现以下主体应承担环境信息发布义务。各级人民政府环境保护主管部门和其他负有环境保护监督管理职责的部门，应当依法公开环境信息；重点排污单位应当如实向社会公开污染物排放情况；建设单位对于依法应当编制环境影响报告书的建设项目，应向公众说明情况；负责审批建设项目环境影响评价文件的部门应将文件向公众公开。据此，环境信息发布主体包括环境信息的政府发布主体和环境信息的企业发布主体两类。

各级环境保护职能部门，因其国家行政机构的优势地位，是环境信息最重要的掌控者。其不仅拥有在行政管理过程中掌握的环境信息，而且各级环境监管部门在环境监管过程中掌握的环境信息、排污企业自身检测上报的环境信息等，均由政府统一掌控。故政府环境信息公开的程度直接影响环境法治的水平与公众参与环境保护的程度。2014年审议通过的《企业事业单位环境信息公开办法》（以下简称《办法》），就企业事业单位公开环境信息的具体内容、范围、责任方式等作出了具体规定，其中，该《办法》规定了两类信息公开的主体，一类是国家强制公开环境信息的主体，即重点排污单位应如实向社会公开排污情况；另一类是国家鼓励环境信息公开的主体，即重点排污单位以外的企业事业单位。其次，为确保公众环境参与权的实现，原国家环保总局于2008年以部门规章形式出台了《环境信息公开办法（试行）》，该《办法》第十三条和第十六条分别规定了政府主动公开环境信息的方式和依申请公开环境信息的方式。依据该《办法》，政府应通过各类便于公众知晓的方式公开环境信息。尤其值得一提的是，在环保大数据下，2009年环保部开通12369举报电话，受理环保投诉；2015年环保部开通全国范围内的微信举报，在政府利用新媒体手段与公众建立直接沟通方面开创了新局面。

（三）行政征询

实践中公众参与环境保护活动大多是在政府指导下开展的，本质上公众是一种被动的参与。政府主导下，主要通过发布指导性环境保护文件，公开政府环境信息，对于大型环境项目举行论证、听证会等方式扩大公众参与渠道。具体而言，首先，就大型环境项目而言，中央或地方政府均会以论证会、群众座谈会、专家咨询会等形式征求公众意见，法律法规从形式上确认了上述方式的合法性，但在实际操作中，是否会收到预期效果是公众更为关心的问题，以2015年"天津港爆炸"事件即可管中窥豹，暴露出公众参与的形式性，公众监督的缺乏与政府的失职。而在实践层面，此类形式往往会流于过场，公众也会持"搭便车"心理，寄希望于他人，严重影响了公众参与实效性的发挥。其次，公众在发现自身环境权益受到侵害时，会采取通过投诉电话、政府公共邮件、信件等方式，对环境违法行为进行投诉或信访，作为政府接触式政务的一种方式，伴随环保督查体系的全面开放，成为公众参与环境保护与防治的一种最为直接有效的方式，通过此种方式，政府也会迫于"管制压力"，对公众的参与作出积极回应，在一定程度上有助于化解社会矛盾。

二、公众自发的自下而上行使路径

（一）自媒体应用

信息网络技术的飞速发展，更新了人们作为个体参与社会活动的方式，信息网络的便捷、及时、隐秘等特征，契合了人们基于不同心理参与社会活动的意愿，激发了人们参与的热情，掀起了全民参与的高潮。

在环境治理领域，公众也开始充分运用现代网络科技，人们借助网络平台的强大信息共享功能，随时可以将身边的污染环境的行为公之于众，由此吸引利益相关群体、地方政府乃至中央政府的关注，实现维护自身环境权益，保护环境的目的。在这个过程中，自媒体的运用呈现出一些独特的特点，首先，权利主体的广泛性。网络的力量能够辐射到社会各个层面，覆盖面非常广，囊括了社会各个阶层的公众，在出现社会热点问题时，能够迅速聚焦，同时，网络形式消除了传统社会参与的差距化[1]，人们更愿意以一种匿名、平等的姿态参与环境治理。其次，参与内容多样

---

[1] 参见李文玲：《新媒体背景下公众社会参与权该如何实现》，《人民论坛》2018年第13期，第108页.

化。自媒体的应用，促使人们不再局限于作为信息的被动接受者，而逐渐成为信息的生产者。任何个体均可以利用自媒体，将自身发现并关注的信息加以发布，尤其是环境问题，与公众个体生活最为贴近，更能够引起公众个体的关注。最后，权利实现程序便捷。随着移动终端的不断下移，人们利用微信、微博等平台，可以直接实现与政府的信息互通，拉近了公众之间、公众与政府之间的距离，实时、高效的沟通促进了能够为政府与公众双方接受的公共决策的产生，有力维护了公众的权利。

当然，不可否认的是，媒体是一把双刃剑，有效利用，能够提高政府行政效率，保障公众环境权益，但是，如果无法正确利用，将误导公众，或被公众误导，进而阻碍政府环境行政。故应对媒体加以引导，通过法治手段，完善网络环境相关立法，健全媒体和公众网络运营环境下的规范体系，规范网络行为。同时，推进网络基础设施建设，尤其是信息甄别、传播技术的改进与提升。

（二）非理性抗争

公众自身是一个集合体，在公众这个集合体内，个体差异明显，在为维护自身环境权益的行动中，不同文化程度、不同社会背景、不同职业背景等的差异，会影响人们形成不同的认知与判断。当集合体内部非理性的认知与判断占上风，进而用此种判断去指导人们的维权行动时，就会产生非理性的与政府对抗的行为；尤其是在大型建设项目规划审批过程中，如公众的举报、投诉等没有得到政府应有的回馈，公众往往会采取非法的集会、游行甚至示威等非理性行为。

公众的非理性抗争多以环境群体事件为表现形式。做进一步划分，可区分为污染型环境群体事件和风险型环境群体事件。划分标准为是否产生实际污染后果。污染型环境群体事件以实际发生环境损害后果为前提；风险型环境群体事件以尚未发生实际污染损害为前提，其发生往往是为了防范环境污染[1]。对于两种类型的环境群体事件而言，前者因争议焦点明确，相对易于解决，而风险具有不可控性，且人们对于风险的认知程度受

---

[1] 参见华智亚：《风险沟通与风险环境群体性事件的应对》，《人文杂志》2014年第5期，第99页.

多方面因素影响，故风险型环境群体事件更为复杂。笔者认为解决此类环境群体事件，关键在于建立有效的风险沟通机制。现有实践显示，社会已形成对于企业污染行为的风险评估系统，但是，争议的焦点在于公众是否相信风险评估机构出具的评估报告。这就需要在政府与公众、企业间建立有效的风险沟通机制。通过沟通与交流，一方面，让公众更为详细地了解风险评估的内容与制作程序，消除公众的紧张与担忧心理，促使公众形成更加客观和合理的态度；另一方面，也有助于政府了解公众的担忧，有针对性地进行政策的调整和企业生产的布局与调控，从而消除冲突的基础。

（三）迁移

当城市的环境污染严重，不再适宜人们生存之时，人们会主动进行迁移，将工作和生活的重心移居到适宜人们生活的其他城市。此种迁移，一方面会导致某些工业城市人才流失严重，不利于城市的发展，另一方面，会增加旅游城市的城市负担。以海南省为例：自2010年国家批准海南省建设国际旅游岛开始，海南省的常住人口数量在持续增长，一部分原因是基于商业价值考虑，更多的是基于生态环境的理念，人们更认可海南省的生活环境，认为旅游城市没有重工业，城市空气质量好，有益于人们身心健康。

迁移是公众的自发行为，有学者非常贴切的用"用脚投票"来形容。公众享有人身自由权利，人身自由不受侵犯，在其发现居住的城市不再适宜生活的时候，有权选择移居其他城市。从公众个体角度出发，趋利避害是个体本性所在，当此种个体行动累积到一定程度，将引发政府关注，从而间接推动政府的环境治理行为。公众的迁移行为，对于人口迁出城市是一种警醒，城市的环境主管部门应当谨慎审视自己城市的环境要素，努力改变城市环境，提升城市环境质量。人口迁入城市的环境主管部门同样需要重视环境问题，因为人口的迁入数量过大，城市的环境系统是否能够承载不断涌入的人口对城市是巨大的考验。公众自发的迁移，不仅推动迁入城市与迁出城市关注环境问题，提升环境治理意识，同时，还能够有效推动地区间的环境协同治理，共同应对环境问题。

（四）环境公益诉讼

在诉讼领域，环境诉讼集中表现为环境公益诉讼，而在公益诉讼领域，就目前相关规范性法律、法规的规定来看，环境公益诉讼主要发生在民事诉讼领域，环境民事公益诉讼中，公众中能够有资格提起诉讼的仅为依法成立的，并且具备法律规定条件的社会组织。公民个人无权提起环境公益民事诉讼；而在环境行政诉讼领域，我国正处于探索阶段，因传统行政诉讼中，要求原告必须是案件的直接利害关系人，故其他公民、法人或社会组织无权提起行政诉讼。此规定直接导致在环境行政公益诉讼领域，几乎没有符合原告主体资格的主体存在。故正在尝试中的以检察机关为主体提起环境行政公益诉讼具有十分重大的意义。

第三节 多元共治环境治理体系下公众参与权之权利受阻分析

公众参与权在行使过程中，不是一蹴而就的，也不是一帆风顺的，在权利行使过程中，会遭遇一定的制约因素，认真审视桎梏公众参与权的法律及社会方面的因素，分析其成因，才能有的放矢，才能肃清公众参与权实现的障碍。

一、公众参与权权利受阻样态分析

（一）"权利基石"的立法缺失

公众参与环境治理的权利，从法律权利的缘起来看，其应源于公民的环境权，即公民的环境权决定了公民享有参与环境治理的具体权利。公民的环境权是公民广泛参与环境保护与治理各个方面的权利基石，只有从法律上首先明确了公民的环境权，才能在此基础上具体解读各项具体环境权利。而纵观我国现行法律体系，从《宪法》到《环境保护法》等基本法，均没有关于公民环境权的明确规定。

我国《宪法》第二十六条规定："国家保护和改善生活环境和生态环境，防治污染和其他公害。"这一规定以国家义务的方式，在一定程度上体现了对环境权的承认，但是，这一规定还不能被认为是环境权基本权利地位的明确确认，宪法态度的不明朗，使得作为下位法的《环境保护法》等相关法律、法规，无法在其具体的法律原则与法律制度的设计中，以环境权为依托进行权利的维护与救济，在宪法中规定环境保护相关内容，可以将环境的生态价值以宪法保留的方式加以锁定，通过宪法的严格修订程序固化权利，进而使环境保护成为国家必须实现的任务[1]。

　　基于法律体系的完整与协调考虑，在宪法没有规定公民环境权的前提下，作为下位法的《环境保护法》中也呼应宪法，没有规定公民的基本环境权利。《环境保护法》第四条、第六条分别规定了国家、一切单位和个人环境保护的义务，但是，对于与义务相对应的权利却没有任何规定。党的十九大对我国生态法治建设提出了新的要求，而《环境保护法》重义务、轻权利的做法，显然与生态文明建设的法治精神相违背，在权利本位社会背景下，此种立法思路不利于有效利用权利特有的利益导向机制与激励机制，引导和调动公民参与环境保护的积极性与主动性；反之，过分强调公民义务，扩大义务的强制机制与约束机制，公众就会因无权利而无救济，因有义务而被追责。此种立法体例强化了政府的监管权力，却弱化了公民维护自身环境利益的权利。只有从法律层面肯定公民的基本的环境权利，才能为公众维护自身环境权益提供法律依据，也才能为国家履行环境保护义务提供法律前提和基础。

　　（二）模糊的主体价值定位

　　生态治理是社会治理的重要方面，从国家治理体系及治理能力现代化的高度审视我国当前生态环境治理，就治理主体而言，如何构建政府为主导、企业为主体、社会组织和公众共同参与的环境多元共治治理体系成为环境法学一个重要课题。各治理主体在生态环境治理中，应以何种身份，从何种价值定位出发参与治理，是我国目前环境治理中不可回避的问题。

　　环境治理实效取得的前提是解决好各主体间的关系。政府、企业、

---

[1] Brandl S, Bungert H. "Constitutional Entrenchment of Environmental Protection: A Comparative Analysis of Ex-periences Abroad", Vol. 16: 1, *Harvard Environmental Law Review* (1992): 1.

社会组织和社会公众因参与环境治理的出发点、利益基础及价值取向的不同，导致各主体间关注的焦点、利益诉求和纠纷解决机制的选择等方面会产生差异。理想模式应是政府从社会与经济发展总体战略目标出发，制定环境领域的相关环境政策、法规，更多地运用引导、激励手段激发环境公共产品的开发与利用，同时对自身及企业的环境执法和环境污染行为进行监督。企业作为重要的市场经济主体，其生产经营行为往往是环境污染产生的主要原因，故企业环境责任不可推卸；企业应主动转变自身在环境治理中的角色定位，从传统的被管理者、被动参与环境治理转变为积极主动参与环境治理，更多地以绿色环保理念引导生产经营，运用绿色环保技术革新现有生产技术与设备，切实做到自我规制、自我促进、主动守法。社会组织和公众不应被边缘化，应积极加入到环境治理队伍中来，环境作为公共产品，每个人均可以成为其消费者，故环境保护、环境治理需依靠社会集体的力量；但是，环境治理的现实却与理想模式相去甚远。

　　受传统计划经济体制影响，政府在社会事务管理中往往将自身定位为"全能型管理者"，在环境治理中，政府往往同时担负几种不同的角色，既是环境政策、法规的制定者，又承担着污染防治与治理工作，同时，还要履行监督义务，角色多样且矛盾的是，各角色间的利益也不是完全一致的。政府在制定环境行政决策或环境法规时，是从社会整体发展角度出发，要制定符合社会发展目标、符合经济发展规律，公平、合法、合理地规划，为谋求发展，必然会采取大力发展实业，增加交通运输等基础公共设施建设领域的投入等措施，而环境污染也必然成为经济发展的副产品。但是，在将这些政策落到实处的时候，政府的角色也随之发生转化，从政策的制定者变成了污染的防治者；在具体防污治污过程中，地方政府基于地方保护主义及政治业绩出发，又会不实际履行自己制定的政策法规甚至是公然无视，或对污染企业随便放宽政策，以牺牲环境为代价换取政治优胜与地方经济发展。同理，在政府履行监督职能时，也同样会对污染企业视若无睹，或者虽对污染企业作出了行政处罚，但处罚的力度与代价远远低于环境污染的代价；这样，在政府角色多样化的背景下，很难实际发挥政府统领经济与社会发展的长处。应将政府从多样化的角色定位中解脱出来，真正发挥政府长处，从事无巨细的管家到真正的掌舵者。企业作为重要的市场经济主体，同样也是主要的环境污染的制造者，在环境治理中，其地位和作用不容忽视。传统治理模式下，企业均表现为被动接受污染治理，是以被管理者、被监督者身份出现，在缺少激励机制与引导机制的情况下，企业没有也不可能主动进行污染的防治；污染企业在长期生产经营行为中，往往在不同程度上与地方政府形成了内在化的千丝万缕的关联，一般污染严重的企业恰恰是地方的纳税大户，比如石油化工、电力等大型企业，因其关涉国民经济发展命脉，加之纳税大户身份及雄厚的政策公关资金，故最终的结果多是政府环境政策的悬置。地方中小企业也一样，成为权力寻租的结点，故环境治理举步维艰。环保社会组织在成立与发展过程中，在参与环境治理过程中，也并非一帆风顺。我国现有法律法规及政策对于环保社会组织而言，过于严苛。根据我国现有法律规定，社会组织要取得合法地位，必须履行登记手续，而负责办理登记的职能部门的不明确、登记手续的繁琐、登记条件的苛刻等，都制约着环保社会组织的有效合法成立。这意味着在起步阶段，社会组织就面临重重困难。依法取得合法地位后，在具体的环境治理过程中，社会组织也是处境尴尬。政府部门没有设立恰当的对接窗口与对接机制，直接导致社会组织的许多合理要求与建议没有得到重视与及时的信息反馈，社会组织在公权面前力量微薄，作用有限；而在企业面前，由于政策与法律法规的缺失，社会组织于企业而言，其出具的环保建议与意见没有法律约束力，企业与环保社会组织间，没有形成良好的沟通与交流机制，也没有法律上的保障机制，故企业对于环保社会组织的存在本身就颇多质疑，对其环保意见更是置若罔闻。在公众面前，受历史传统与公民个体观念、教育背景及职业经历等影响，我国公众在利益受侵害时，更多地会选择私力救济，能自己解决的事情就自己解决，没有意识到在环境公共产品面前，受害的不是公民个体而是公众群体，也没有意识到可以借助于组织的力量来达到与完成自己的利益诉求，公众对于环保社会组织了解得很少；同样，也缺乏与环保组织的沟通与交流，导致环保组织与公众无法形成合力，面对强大的政府公权力与企业，环保组织与公众处于弱势地位。公众在环境治理中的参与度不高，参与的积极性、主动性与参与热情均不高。我国《环境保护法》将信息公开与公众参与作为专章加以规定，明确了公众参与环境治理的权利。但是，在现实中，一方面，公众环保意识还有待增强，公众往往是被动参与到环境保护与治理中，作为被调研的对象或座谈会的被邀请对象，均是处于被动地位，在发表意见时公众"搭便车"心理也很严重；没有充分意识到自己也是环境的主人，是环境这种公共产品的消费者，没有意识到环境一旦遭到破坏，其作为主人及消费者的权益也会遭到不可修复的损害。另一方面，对于邻避设施的建设，由于建在"我家后院"而深受公众反感，对于此类环境设施建设问题，较之"事不关己高高挂起"的态度又是另一番景象，邻避设施附近居民在自身利益受到紧迫、现实危险时，危机意识已然觉醒，迫切要维护自身环境利益；但是，在采取的方式方法上，有可能过激，在与政府或企业沟通失效后，公众有可能失去理智与耐性，采取集体抗争等行动维权，这与前述的被动参与、"搭便车"刚好是两个极端，形成强烈反差。但是，无论是哪种公众参与的方式，均不是我们期待的方式，均不是符合生态法治建设的公众参与。

（三）限缩的公众参与渠道

现阶段我国致力于打造多元主体共治共享的社会治理格局，具体到生态环境治理领域，要求政府、企业、公众共同参与到环境治理工作中来，而不同主体参与环境治理的路径与方式方法必须有所区别。就公众环境治理维度而言，公众应以何种方式，通过何种渠道来参与到环境治理中来，是环境法应当解决的一个现实问题。

在我国，公众参与环境治理的传统渠道为政府提供的"自上而下"的参与渠道。为顺应时代发展的需要，解决经济发展带来的严重的环境污染问题，政府在环境领域不再封闭治理，将自己的环境行政大门向公众敞开，为公众提供了一条参与环境治理的渠道。但是，公众也只能按照政府提供的渠道来参与环境治理。换句话说，即该条渠道由政府设定，公众具体参与环境治理的方式、参与的程度及参与的效果等均取决于政府的态度。政府主导了公众参与的全过程，甚至公众参与的效果也可由政府掌控。此种政府主导的自上而下的公众参与，很难发挥公众参与的实效，同

时，环保组织在政府主导下的影响力也极为有限。以《环境影响评价法》
为例，就建设项目的环境影响评价而言，首先，国家对建设项目实行分类
管理，而分类管理目录的编制工作由国务院环境行政管理部门负责。这一
阶段的工作可以说是完全封闭的，公众没有参与的权利，以何种标准判断
建设项目是否属于对环境可能造成重大影响的决定权，完全属于政府行政
部门。其次，该法第二十一条规定，建设单位应当在报批建设项目环境影
响报告书前举行论证会、听证会等形式听取公众意见，但国家规定需要保
密的除外。此条将建设单位设定为组织公众参与论证、听证的主办方，意
味着建设单位有权决定对外公开的建设项目的内容，是否公开建设的信息、
何时公开、公开到什么程度，决定权在建设单位，这给建设单位留有极大的
操作空间。实践中建设单位往往在介绍项目基本情况时存在污染重点介绍不
突出，如污染物的种类、可能造成污染的程度、范围和污染的后果等重要内
容，建设单位大多会有意忽略；反之，会过分夸大污染防治措施，或降低环
境污染风险，甚至有些建设单位直接以国家秘密为由，拒绝向公众提供建设
项目的信息。即便是公开的环境信息，也存在内容与实际不符及以环境专业
术语误导公众的情况。此种信息的不对等，严重损害了公众的环境知情权。
最后，建设单位有权对参与的公众进行选择，即公众不是主动参与而是被动
地"被参与"。故建设单位在选择时，多会回避敏感公众，缩小可选择的公
众的范围；同时，建设单位制作的调查问卷为事先格式化的问卷，针对性
不强，而且设计的问题也避重就轻，多为选择题，实际上将公众参与形式
化。

随着公众环保意识的增强及互联网等新媒体手段的广泛应用，加之我
国政府职能转变，传统的"自上而下"的公众参与方式也发生了变化，转
化为公众自发的"自下而上"地参与。在环境保护与治理过程中，公众不
应再只是被动参与、消极应对，而应是主动参与、积极分担环境公共利益
及责任。自下而上的公众参与是社会主义民主法治的体现，具体表现为公
众利用网络平台将自己关注的环境问题提交，随时随地为自己发声，在全
球环境恶化的当下，越来越多的公众意识到了环境问题的重要性，越来越
关注环境问题，尤其是自身周边与自己生活紧密相关的环境问题。个体在

遭遇环境污染，面临环境侵害时，其力量是微弱的，尝试与政府沟通失败后，受不良情绪影响及被有心网络势力利用，极易爆发非理性事件。我国公众在面临此种问题时，实际是缺少组织依托的，环保NGO在实践中应发挥更大的作用。在政府指导下，公众可以依托环保NGO，有组织、合法、程序化地推进环境保护与治理工作。实现与政府公平、对等地会话，及时反映和维护自身环境权益。

（四）公众参与环境治理有效性评估机制缺位

当前我国对于公众参与的研究多倾向于研究公众参与的主体、内容及救济与保障机制方面，有关公众参与有效性的评估机制研究几乎是空白。对公众参与有效性进行评估，是迈向高质量的民主法治化的必由之路，通过评估，人们不仅能够判断公众对于环境治理的合理建言是否被政府谨慎思考并采纳；同时，也能够检验政府公共环境行政决策是否合理有价值，从而决定公众参与这项法律制度是否实际发挥作用，是否需要结合实际予以调整甚或终结。

公众参与环境治理有效性的评估，是一个融合了自然科学与社会科学，需要运用多种学科手段的复杂过程。当前在我国推行公众参与环境治理有效性的评估面临诸多困难。首先，评估的目的主要是在于为环境行政决策者及管理者提供环境评估管理参与有效性的方法。而要实现该评估目的，最直接的方法是建立公众参与的指标，并进行定量测量。然而，我国现阶段公众参与的研究还没有达到能够建立定量指标的程度，想要得到构建这种指标的数据非常困难。自我国公众环保参与意识觉醒，到国家层面通过法律法规形式明确公众有权参与环境治理，这其中有关公众参与环境治理的数据从收集到分析整合是一个非常庞大的工程，且在进行数据比对分析前，对于公众参与环境治理有效性的统一框架概念的形成也没有达成共识。其次，评估需要由建立在科学基础上的专门组织来进行，且评估应有自身完整高效的评估机制。纵观我国公众参与环境治理伊始至今，尚无专门的评估机构对公众参与的有效性进行评估。专业人员的匮乏，专业知识与技能短缺，很少有结合自然科学与社会科学的专家能够进行评估工作，思维方式与知识结构的单一，极易导致在进行具体评估时用定性方法取代定量方法，用价值判断取代事实分析。相关方面例如国家环境行政行为、环境行政公共政策方面的评估，长期以来也是领导者凭个人经验与价值偏好，缺乏深入调查与咨询论证。同时，由于缺乏科学合理的评估机制，使得评估工作沦为领导沽名钓誉的手段。尤其在对公共政策进行评估时，主观随意性很大。以评估作为炫耀政绩的手段，借评估使绩效不良的公共政策合理化，完全违背实事求是原则，成为掩盖领导不良政绩的外化手段。最后，评估应保证评估结果应用于实践。公众参与环境治理有助于政府环境政策得以完善，但前提是该环境政策得到实施。否则，公众参与无法对环境治理行为产生任何影响。公众参与同样可以带来积极的社会效果，如促进公众与政府间的有效沟通与交流，提升政府公信力，但是同样的，除非公众在参与治理过程中与政府的关系是融洽的，是贴合政府治理目标的，否则，也难以认定公众的参与行为是积极的。所以，对于评估的结果，理应引起政府的重视和社会各界的关注，才能促使政府从评估结果中吸取经验教训，改进过程中的不足。但是，现实政府对于评估结果的不尊重与有关人员对于评估行为的抵制。抵制评估源于政府对自身执政行为的不自信，害怕评估的结果对自己不利，对自己威信产生不利影响，同时，也有一部分原因在于认为评估行为耗时耗力，是一种资源的浪费。对于评估的结果，在发现无法为政府带来任何积极影响时，要么隐瞒评估结果，不向大众公开，要么以各种理由否定评估结果，甚至直接篡改评估结果。

有效的评估系统的建立非常重要，因公众参与是一个动态的实施过程，参与的过程是一个需要不断完善的过程。通过有效的评估，可以帮助政府认清公众参与存在的问题与存在价值，帮助政府不断调整完善相关的环境行政决策，在国家对生态环境表现出前所未有的关注后，相信相应的评估机制会日益创立并完善。

二、对公众参与权权利受阻的反思

当下的中国，正处在全面建成小康社会决胜阶段、中国特色社会主义进入新时代的关键时期，同时面临着光明的前景和巨大的挑战。"每逢挑战引起卓有成效的应战，而应战接着又引起别的不同性质的挑战时，文明就生长起来了。"[1]生态文明正是这一时期中国文明转型的典型标志。法治与生态的联姻是这一时期必须完成的任务。生态文明需要以新的理性为基础，形成新的法律价值观。这种新的法律价值观以生态理性为基础，强调整体主义，综合考虑人与自然的和谐关系，注重人的社会性生存方式与生物性生存方式的协调，以可持续发展、公共利益保护、社会责任为原则[2]。在这个过程中，原有体制、观念的影响与束缚不是短期就能消除的，其对于新的观念与制度的形成产生了羁绊。

（一）地方治权与生态法治的博弈

以中共十八大为历史节点，习近平总书记带领全党全国人民全面推进依法治国，中国法治跨入新时代。中国特色的社会主义事业由经济建设、政治建设、文化建设和社会建设"四位一体"的总体布局拓展为包括生态文明建设的"五位一体"的总体布局。习近平总书记多次强调，只有实行最严格的制度、最严密的法治，才能为生态文明建设提供可靠保障[3]。最严格的制度、最严密的法治是党释放出的生态法治观，表明了党推进生态文明法治建设的决心，同时，也为生态文明法治建设提供了理论指导与行动指南。党的十九大报告把"美丽"列入了新时代中国特色社会主义的强国目标，提出要"构建政府为主导、企业为主体、社会组织和公众共同参与的环境治理体系"[4]。生态法治思维在环境治理中集中表现为十九大报告中提出的政府为主导、企业为主体、社会组织和公众共同参与的环境治理体系。但是，生态法治的要求是否在实践中就一定会被遵守和执行，法治思维是否一定指导实践，这在当下中国的治理实践中是一个值得商榷的问题。

在多元共治的理想型环境治理体系初步形成之际，传统的权威型环境治理体制尚未完全退出历史舞台，在两种治理模式交叉作用下，地方政府

[1]　参见［英］汤因比：《历史研究》（下），曹未风译，上海人民出版社1986年版，第334页.

[2]　参见吕忠梅，《环境法原理》（第二版），复旦大学出版社2017年版，第62页.

[3]　参见《习近平谈治国理政》，外文出版社2014年版，第210页.

[4]　参见习近平: 决胜全面建成小康社会 夺取新时代中国特色社会主义伟大胜利: 在中国共产党第十九次全国代表大会上的报告［R］.人民日报, 2017-10-28（01）.

的地位和作用举足轻重。地方政府可以说，对上，承担着将中央政府的法律政策或行政决策，准确无误地传达给公众的任务；对下，起着将公众的利益诉求完整上传至中央政府的作用。实质上，地方政府是连接中央政府与广大人民群众的纽带与桥梁，信息、政策的输送是否顺畅及时，取决于地方政府的工作效率。然而，当下环境治理的困局正是源于以地方政府为主体的科层制对于国家环境法律政策与公众间利益诉求的阻断。

在国家治理中，决策权的分配体现出一种自上而下的权力运作方式，社会要发展，不可否认地就要释放地方政府的能量，调动地方政府的主动性与积极性。但在"放权让利"的过程中，往往会出现一系列问题。地方政府在以经济增长为核心的政绩考核和晋升标准下，由公共行政部门退化为企业化政府，为追求地方利益最大化，对于上级的命令甚或是法律政策，往往只是表面象征性的服从，实质上是阳奉阴违。以山西采煤业为例，20世纪80年代，歌词中曾出现"人说山西好风光"，意指山西自然风光无限好，但是，自20世纪90年代后，随着黑煤窑的泛滥，山西好风光不再。山西的煤炭行业除了造就山西财政收入逐年递增、全省GDP在全国名列前茅和为数众多的煤炭暴发户外，更多的却是为山西煤炭行业承担开发成本的普通老百姓。违法开矿导致矿难频发，挖煤也对生态环境造成严重破坏，地下水枯竭，地表塌陷，革命老区吕梁产焦煤，河流每到夜晚都因洗煤变成红色。煤炭行业在将子孙后代的环境资源都消耗得几近枯竭时，暴富的煤老板们却在思考着生态移民，甚或是转移煤炭开采地。一方面是不断增长的GDP与财政收入，一方面是生态环境的巨大破坏，这里面包含了太多的矛盾。

国家层面一统性的生态环境保护法律法规被虚置。改革开放以来，依靠中央政府赋予的财权和自治权力，地方政府性质在悄然发生着变化，逐渐由公共行政部门转变为相对独立的利益主体，政府部门的运作方式也带有强烈的公司化色彩。此种背景下，法治的意义仅在于地方政府的不违背国家层面的禁止性规范方面，除此之外，地方的治理行为就是自由的。纵向看，国家设定硬性指标和禁止性规范，地方在此范围内的行政行为均是符合法治要求的，国家放弃了既定指标与禁止性规范外的对于地方的监控，中央政府期待地方政府能与其共同遵守各自的"政府理性"和相应的行为逻辑；但从横向的政府间的竞争看，为刺激地方经济增长，实现GDP和财政收入全面提升，争取地方政绩突出，公司化的地方政府间展开了竞争，此种政府间竞争和单纯追求政绩的政府目标，使得地方政府在民生和公共服务方面的职能缺位，地方政府不再理性，因其在占有经济增长的收益，不断以粗放型经济发展方式发展实体经济时，却无需承担由此导致的竞争风险。此种经济增长产生的风险尤其是环境成本实际是被权力机制强行分配给了大众。最后的结果只能是，中央的符合生态法治要求的全国统一适用的法令，被地方政府以地方自治权加以调整或搁置，公众无从了解中央的精神，中央的推动社会发展的法律与制度设计形同虚设；同时，公众的环境利益诉求无法被中央知晓，中央与公众间的互动，缺乏规范化的制度设计与引导。公众在没有法律引导与制度导向的情况下，其活动就会带有无序性、非理性和抗争性，公众的维权行动极易演变为非理性的大规模的群众抗争事件。而这类事件的爆发，反过来，又令地方政府闻之色变，是政府极力打压的对象。地方政府通过地方自治，阻断了中央与公众间信息互动，公众参与制度的设计被形式化。

（二）尚待激活的公民权利意识

公民权利意识是一个国家民主化程度与法治化程度的标志。受制于我国几千年封建臣民思想影响，我国公民的权利意识相对比较淡薄。现代政治条件下，公民的权利意识并未随着经济与社会发展而逐渐显现及完善，相反，公民越来越在发展中迷失主体资格。正如德里克·希特所描述的："在个体、公民与政治的关系中，个体越来越淡漠于公民的意识，公民越来越淡出于政治的舞台，政治则越来越以个体为手段。由于公民的缺位，个体与政治间的逻辑越来越被倒置。"[1]

首先，传统计划经济和小农经济时代遗留的思想残余并未完全消除。改革开放以来，我国虽已建立并实行市场经济体制，但是，公民的权利意识仍受制于较长历史时期的小农经济与计划经济。计划经济时代，经济指

---

[1]　[英]德里克.希特：《何谓公民身份》，郭忠华译，吉林出版集团有限公司2007年版，第11页.

标的设定、资源的配置等完全由国家运用各种行政、立法手段进行，公民没有决策的能力和必要，完全受国家调度和支配，故公民概念虽形成，但是欠缺实质内涵，公民无自主认知，权利意识淡薄。改革开放后，市场经济飞速发展，以其独有的资源配置优势取代了计划经济，国家不再对资源配置起基础作用，而是通过宏观调控手段调控经济发展，市场经济更多地强调主体的平等性及交换的自由性，这种自由平等的市场经济环境不仅仅体现在经济领域，同时也是一种生活方式，公民的权利意识刚好与市场经济体制下的价值追求相契合，公民主体意识逐渐增强。但因我国经济发展的不平衡，不同地区的公民权利意识的认知程度不尽一致。经济发展迅速的地区，如东部地区，公民的权利意识要强烈一些，而西部地区的公民权利意识相对淡薄。在东部地区公民已然关注自身发展权利时，西部地区公民可能仍在关注着自身的生存权。这种权利意识的淡薄与发展的不平衡，制约着我国公众参与生态环境治理的程度。其次，公民法律信仰的缺失。法治化国家建设离不开社会公众对法律的内在化信仰。伯尔曼曾说过："法律必须被信仰，否则形同虚设，它不仅包含人的理性与意志，而且还包含它的情感，它的直觉和献身，以及它的信仰。"[1]公众对于法律的信仰体现在生活中对法律的遵守与敬畏，人们相信法律能够解决他们遇到的问题，这种对于法律的信仰是公民权利意识建构的有效途径。然而，现实是我国公众并未完全将法律作为信仰的对象。内心法律信仰的缺失，导致公众对于权利的认知与权利的行使欠缺主动性与积极性，更不会直接以主体身份介入生态环境的治理。最后，中国公众对于权利的认知还停留在感性阶段而非理性认识。法律本身存在着无法回避的瑕疵，制定法在实施过程中会因某些因素的存在而导致实施的结果不公，这些都影响着人们对于权利的认知。人们在社会生活中，存在着过多关注自身权利漠视他人权利、对于权利与义务的态度截然相反等情况。公众不清楚义务的履行是为了更好地实现权利，人们没有意识到要尊重和维护他人权利，在实现自己权利的同时不得侵害他人权利。在权利的实现问题上，中国公众根深蒂固

---

[1] 参见伯尔曼：《法律与宗教》，梁治平译，中国政法大学出版社2003年版，第3页.

地认为权利是被"赋予"的，将权利看做是官员、政府的赏赐，只能自上而下取得。所以一旦权利受损，其宁愿去找权利的"赏赐者"，即一级比一级更大的官员或政府，而非诉诸法律。这就是有些公众宁信访而不信法的缘由。而事实是每一项权利均非自然产生，每一项权利的产生均来自于权利主体的不懈努力抗争。德沃金的《认真对待权利》、耶林的《为权利而斗争》即是明证。

（三）绿色发展理念的价值导向欠缺

生态文明建设应以绿色发展理念为导向，绿色发展理念应贯彻生态文明法治建设的各个环节。生态系统是人与自然和谐相处的系统，就生态文明建设而言，具有能动性的生态系统的"人"应是全体社会成员，生态资源的公共属性要求所有社会成员都应参与环境事务的治理。打造共建共治共享的社会治理格局具体到生态环境领域即是要"政府负责、社会协同、公众参与"。其中，十九大报告将公众参与纳入共建共治共享的社会治理体制中，意味着公众对于社会公共事务治理的参与度得到高度关注，公众参与生态环境治理同样要以绿色发展理念为价值导向。

公众参与的法律制度的设计，从权利视角看，法律制度未对公众参与生态文明进行积极的制度应对，绿色发展理念的价值难以转化为实践。公众参与生态文明法治建设是公众的一项权利，公众参与权利的具体内容与权利行使方式、权利救济与保障等内容均应按照绿色发展理念的要求细化为具体法律制度的设计。绿色发展埋念的价值目标最终应在法律制度的实施过程中得到体现，转化为现实的制度设计结果。遗憾的是，现有环境资源法律制度在公众参与的权利制度设计方面，未能有效将绿色发展理念有效融入。现有法律制度就公众参与权利的规定存在着过于原则化，不够具体，或者对权利主体附加限制性条件等问题，从法律上强行将一些本应参与生态文明法治建设的主体排斥在外。以环境公益诉讼法律制度为例，《环境保护法》开创性地引入社会组织作为环境公益诉讼的主体，可谓具有划时代的意义。但是，仍然压缩了环境公益诉讼参与主体的范围。生态文明法治建设也是全社会广泛参与的，全体社会成员均有权就环境问题建言，有权在发现环境侵权或其他侵害环境公益的行为时，作为原告提起环境公益诉讼。仅规定法定的社会组织有权提起公益诉讼且对有资格提起公益诉讼的社会组织作出严格限定，有违绿色发展理念的价值定位。从义务视角看，权利与义务是一对对应的概念，有权利主体享有、行使权利，就要有相应的义务主体履行法定义务，以满足权利主体的需求。绿色发展理念对公众参与法律制度中的公众而言意味着应当转化为权利，那么，相对应地，对于公众参与法律制度的义务方而言就应当在履行法定义务时将绿色发展理念所蕴含的价值转化为现实。公众参与生态治理，必然要和两类主体打交道，一类是政府行政部门。政府行政部门代表公权参与环境治理，为公众行使权利提供途径和保障与救济方式。政府作为生态文明建设的监管者与领导者，理应以绿色发展理念指导自身环境行政行为。但是，现实是，在以经济建设为中心的现代化进程中，地方政府更多的关注的是绩效，是GDP和地方财政收入，有时甚至是以牺牲环境来换取经济发展，在制定地方发展及建设项目规划时，经济发展与生态文明间的利益衡量，也多倾向于选择经济发展，没有切实做到以绿色发展理念指导自身环境行政行为。另一类是企业，企业是经济建设的主体，也是公众参与的义务主体，企业应为公众参与权利的实现提供诸如公开企业污染信息、防污处理措施等相关信息的义务，这也是贯彻绿色发展理念的要求。但是，企业在信息公开过程中，却没有严格按照绿色发展理念的要求履行信息公开义务。对要求公开的污染信息进行选择性公开是大多数企业的做法，就污染源的种类、污染的程度、受污染影响的公众范围等没有实事求是地进行公开，同时过分夸大污染防治措施的作用，对公众产生误导。绿色发展理念的价值无法转化为现实。

新时代的生态文明建设应凸显绿色发展理念的价值追求，社会主义法律制度必须将绿色发展理念融入制度设计与程序安排，使公众在法律制度的指引下，在遵循法律制度的过程中接受和认可绿色发展理念。当前，环境资源法律制度中的公众参与制度存在的问题，源头之一就是绿色发展理念的价值导向作用的欠缺，绿色发展理念在相关法律制度中的贯彻落实不到位的体现。

第五章 多元共治环境治理体系下公众参与权的实现

"美丽中国"建设是党在新时期提出的中国现代化建设的发展方向和发展目标，"美丽中国"的实现需要整合现代化建设的各种力量，以合力来推动完成。公众作为现代化建设的主要力量，公众参与环境治理，打造"绿水青山就是金山银山"的"美丽中国"备受关注。我国环境治理中的公众参与结合中国特色社会主义背景，具有独特的内涵。宏观层面，政府职能转变、公众环保意识觉醒、公众力量崛起，打破了原有的环境治理格局；微观层面，公众参与的具体内容与渠道进一步拓宽，从形式参与向实质参与转变。科学有效的公众参与为可持续发展提供动力，为环境治理提供新的思路与契机，为"美丽中国"建设提供不可或缺的力量源泉。公众参与环境治理，形成政府、企业、公众共治的环境治理格局，社会主体与行政主体协作打造环境治理的合力，在这个过程中，强调的是主体间的沟通与协调，尤其应立足公众，充分发挥和调动公众参与环境治理的积极性、主动性，以公众参与为契机和基点，突破传统政府单维管制模式，实现环境治理中的多元利益衡平。

第一节　政府维度公众参与权的实现

环境治理需要政府、企业、社会组织和公众的共同参与，多元主体参与环境治理不等同于无中心或者泛中心治理[1]，相反，应明确政府的治理主导地位。政府是生态文明建设的有力推动者与维护者[2]，对其他参与主体具有统领和协调作用，政府环境行政行为对于公众参与权的实现具有举足轻重的作用。

一、宣传认同支撑主动参与

政府作为公权力的代表，其环境行政行为背后彰显的是国家在环境治理领域的态度和未来的政策方向，在国家层面已然要求构建"政府为主导，企业为主体，社会组织和公众共同参与"的环境治理体系时，政府应当为该体系的建构提供宏观与微观层面的支持。

（一）从宪法到环境法体系确认公众参与权利来源

以宪法和基本法夯实环境权，是生态环境法治的需要。环境权是基于特定的时代背景和现实需要提出的，在环境污染引发的人类良好生活环境被破坏甚至人类自身健康被侵害的事件频发，借助传统法律赋予的权利体系已无法救济损害时，环境权作为一种新兴权利被广泛提出。环境权要求国家承担积极的环境保护义务，而传统法治观念下，国家仅负有消极的不侵犯公民人身、财产权利及提供最低生存照顾义务。在传统法律体制下，责任承担以过错责任原则为主；而在环境污染状态下，污染的产生源于不特定污染源在生产经营状态下日常的排放累积而成，因果关系的证成及归责原则的选择异常复杂，通过原有民事侵权理论无法解决因环境污染产生

---

[1] 参见孟春阳、王世进：《生态多元共治模式的法治依赖及其法律表达》，《重庆大学学报（社会科学版）》2019年第6期，第121页.

[2] 参见徐春：《环境治理体系的主体间性问题》，《理论视野》2018年第2期，第10页.

的全部损害赔偿问题。

环境权要解决的核心问题是人在遭遇环境问题时，权利主张的法律依据问题，它要为国家承担环境管理责任，为国民享有在良好的环境中生活的权利提供依据。环境权为环境法提供合法性依据，环境法要建构人与自然的新型法律关系，在传统的法律关系中，现有法律体系多从人的社会属性出发，解决的是人的社会性存在方式面临的法律问题；而忽视了人在具有社会属性的同时，又是自然界不可或缺的组成部分，以生物性的存在方式存在。当人的社会性存在方式侵害了生物性存在方式时，现有法律体系则捉襟见肘。强调要从宪法到环境基本法全面创设环境权，是因为从法治的角度讲，权利代表主体对于国家的诉求，这种诉求产生的前提是得到国家的承认，唯有得到国家承认的权利才能被有效保障。

围绕环境权的争论自蔡守秋教授于1982年发表《环境权初探》开始，就未曾中断。众多学者就是否存在环境权、环境权的性质等问题展开了辩论。蔡守秋教授认为环境权既是一项重要的法律权利，也是一种新的法学理论[1]，用它可以解释许多环境法律问题。他将环境权界定为环境法律关系主体就其赖以生存、发展的环境所享有的基本权利和承担的基本义务，即环境法律关系主体有享用适宜环境的权利，也有保护环境的义务。同时，蔡教授认为，作为一项重要的法律权利，环境权理应入法。他指出现行《环境保护法》仅规定基本环境义务而未赋予环境权利的立法方式，是一种典型的从公民义务出发强化政府权力的立法思路，违背了从公民权利出发到政府义务、从公民权利出发到政府责任的法治原则[1]。吕忠梅教授从传统法律体系包含的财产权、人格权和侵权法律法规在环境保护方面存在的不足与缺陷出发，将环境权视为是一项应有权利，是一项基本人权。其将环境权界定为公民享有的在不被污染和破坏的环境中生存及利用环境资源的权利[2]。吕教授认为环境权至少包括如下内容：环境使用权、知情权、参与权和请求权。同时，吕教授在环境权是否应由宪法加以规定的问

---

[1]　参见蔡守秋：《确认环境权，夯实环境法治基础》，《环境保护》2013年16期，第24页.

[2]　参见吕忠梅：《论公民环境权》，《法学研究》1995年第6期，第60页.

题上，坚持认为以宪法形式规定公民环境权能够为生态文明建设提供"新法理"、解决环境法合法性的"权利基石"问题，既可以成为判断宪法是否为"良宪"的重要标准，也可以发挥基本权的主观权利维度和客观规范维度的功能[1]。陈泉生教授亦认为传统民事权利的设计存在缺陷，财产权、人格权、相邻权等均因各自的局限性在对环境保护进行救济时难以适用，同时，在寻求宪法作为解决途径时，又因宪法基本权利设定的不足，尤其是生存权适用于环境侵权时存在缺憾而无法全面保护生态环境；故陈教授认为环境权是一项新型的人权，将其界定为"环境法律关系的主体享有适宜健康和良好生活环境，以及合理利用环境资源的基本权利"[2]。当然，在众多对环境权持肯定态度的声音中，也有学者从根本上否定环境权的存在。以徐祥民教授为代表的否定论者认为公民环境权论存在自身难以克服的矛盾。徐教授认为环境权不是关于具体的环境利益享有者与其他人关系的概念，而是人类整体与人类个体关系的概念[3]。他认为与环境利益分配相联系的权利应为财产权和人身权而非环境权，社会生活中发生的侵权是对财产权和人身权的侵犯，而非对环境权的侵犯。

环境权随环境问题而产生，在污染日趋严重，受污染源侵害的不仅局限在自然界，甚至蔓延至人类时，当人类的健康与正常的生活受到污染源迫害时，传统法律体系下对于权利的保护就明显不敷使用。在以保护财产权和自由权为核心的法律理念下，企业的经营自由及由此附带的排放自由是受法律保护的，在企业排放的污染物仅对环境造成轻微影响，未对人身体健康产生侵害时，法律甚至对于这种行为是容忍的。环境立法让步于产业自由，国家在环境保护方面消极行政，直接导致20世纪后，大规模的环境群体事件频发，各国被迫正面应对环境问题，至1972年《斯德哥尔摩宣言》，环境权终被确认："人类有权在一种能够过着尊严和幸福的生活的环境中，享有自由、平等和充足的生活环境的基本权利，并负有保护和

---

[1] 参见吕忠梅：《环境权入宪的理路与设想》，《法学杂志》2018年第1期，第23页.

[2] 参见陈泉生：《环境权之辨析》，《中国法学》1997年第2期，第65页.

[3] 参见徐祥民：《对"公民环境权论"的几点疑问》，《中国法学》2004年2期，第113页.

改善这一代和世世代代环境的庄严责任。"[1]笔者认为，环境权作为一项权利，从提出到得到切实保护经历了应有权利阶段、法定权利阶段和实有权利阶段。首先，环境权是一项基本人权，具有独立的人权属性，其应为宪法所规范，应是评价宪法是否为"良宪"的标准之一。"天赋人权"的基本理念，意味着人权是作为人而自然享有的权利，在人类认识自然改造自然的过程中，随着科技的进步，人类对于自然的利用和改造程度逐步加深，环境问题也逐渐暴露。环境问题未对人身产生威胁时，环境权之于人类而言是"休眠"状态，人类尚未认识到生态环境的不可再生性对于人类的重要程度，当环境污染愈发严重，已然对人类生存和发展造成无法弥补的伤害时，人们的环境意识才逐渐觉醒。环境权自始存在，作为生态系统的组成因子，清洁的水、空气和土壤是人们生存的必须要件，故人们有资格要求在清洁、健康的生态环境中生存的权利，此种权利不因国家的消极行政而废止，也不因人们的环境意识淡薄而被否定。其次，环境权理应是一项法律上的权利。环境权是环境法的核心问题，也是环境诉讼的基础，应尽快确立环境权的宪法地位及在环境基本法中对环境权加以明确规定。在重视法治和人权的国家，权利应以法定状态为主要存在形态。只有通过法律明确规定的权利，才能在实际生活中得到全面有效的保障。我国宪法第二十六条规定："国家保护和改善生活环境和生态环境，防治污染和其他公害。"这一宪法规定以国家义务的形式体现了国家对于环境权一定程度的承认，但是，就权利法定的法治要求而言，一项权利只有为宪法从正面予以确认和保障，才能在国家法律体系中确立崇高的法律地位和权威，才有可能由其他法律予以具体保护。环境权的宪法保护是环境立法、环境行政、环境司法等其他保护形式的基础，只有将环境权作为一项公民基本权利在宪法中明确规定，才能真正实现环境法治。最后，法定权利只有转化为现实权利，才能切实保障主体利益。应有权利全部上升为法定权利、法定权利全部转化为实有权利，在三者比值为"1"时，才是对人权最好

---

[1] United Nations Conference on the human environment, "Declaration on Human Environment", Vol. 35: 208, *Ekistics* (1973): 116-117.

的保障，才是一个国家对于人权的最好的保障状态。如果法定权利没有转化为实有权利，那么意味着权利的状态仅停留在立法层面，没有应用于现实。环境权只有经过环境基本法加以规制，明确环境权利义务主体、环境权的客体及内容，经由环境行政、环境司法的运行，保障环境权能再现现实生活，对权利主体而言，是实际有价值的和完整的权利，是能够具体行使的权利，在权利受到侵害时是能够得到国家尊重和保护，得到有效救济的权利，才真正实现了环境权的价值，才真正做到了环境法治。

（二）加大环保宣传教育力度

环保教育宣传工作，作为生态文明建设的基础性、前瞻性工作[1]，在统一公众环境认识、提升公众环境觉悟、凝聚公众环境行动方面发挥着重要作用。政府尤其是与公众联系紧密的基层环保部门，必须做好环保宣传工作。

新形势下的环保宣传教育工作呈现出新的特点，对政府领导下的各级环保部门提出了新的要求。首先，生态文明建设领域，必须统一思想，十九大提出的"建设美丽中国""绿水青山就是金山银山"等重要科学思想必须作为意识形态领域的制高点。政府的环保宣传工作必须担负意识形态引领的重任，统一思想，准确把握舆论导向，及时纠正舆论偏锋，提升各类生态环境信息的准确性与公信力，保证生态文明建设植根公众，普惠公众。其次，研究表明，青少年这一群体在不同年龄段的人群中，对于环境问题的关注程度相对较高。青少年代表国家的未来，民族的希望，培养青少年的环境意识，对于代内与代际环境保护均具有重要作用，能够达到长远的环境治理效果[2]。政府应重视对青少年的环保教育，加大教育投入，在思政方面融入环境保护方面的教育，在教材的编制中加入环境保护内容，改变传统的教育方式，这方面可以借鉴芬兰对于青少年在环境保护方面的培养模式。芬兰大多数城市均设立了少年议会，青少年有权利出席成人的会议，一方面培养青少年的政治觉悟，另一方面，采取将财政拨款和

---

[1] 参见邓东风、唐丹：《融媒时代下好基层环保宣传"先手旗"初探》，《新媒体研究》2019年第14期，第105页.

[2] 参见林卡、吕浩然：《环境保护公众参与的国际经验》，中国环境出版社2015年版，第16页.

将较小环境项目划拨给少年议会，由少年议会进行环境项目的规划与具体实施的方式，均起到了不错的效果。国人应当意识到，青少年不仅属于家庭，还承担着社会发展的重任，是社会的一分子，应当从小培养青少年的社会责任感与责任意识，少年强国才能真正强。最后，坚持与时俱进，以绿色发展理念引导环境保护的宣传与教育工作。深入挖掘传统文化中的绿色文化价值理念，同时赋予其新的内涵，加强绿色文化的国际交流，培育适应生态建设的绿色文化产业，以绿色发展理念引导企业生产经营行为，打造绿色产业链，建立健全绿色产业制度文化与绿色生产规范，以实现生态文明建设的可持续发展。

（三）解决公众参与的"动力源"不足问题

公众参与环境治理，参与不是目的，核心在于通过公众的有序参与达到环境治理的效果。从中国当下公众参与环境治理的实效分析，公众参与的状况不容乐观，制度设计的目标与实际效果差距明显，公众参与更大作用体现在作为必经程序的形式意义。对于更具象征意义的公众参与进行分析，很大一部分原因在于公众参与的动力不足与公众参与缺少政府的真心回应[1]。对于政府对公众参与的有效回应将在下个问题中加以展开，本部分仅对政府如何应对公众参与的动力不足问题加以讨论。

公众参与最直接的动力要素应是利益。人们行动的目的均与其利益相关，除却利益，人们什么都不会做[2]。公众参与环境治理最为直接的目的同样离不开利益，在于政府的环境决策行为的结果，能够保证公众的环境利益。公众参与环境治理，参与政府环境决策行为，最终是为实现在社会分配中实现自身利益的最大化。因环境利益的公共性质决定了在环境利益的划分过程中必然涉及相关利益者的利益分配问题。因此，只有当公众意识到参与环境治理与其自身利益息息相关，从而有效参与，其利益才能得到切实有效的保障时，公众才会萌生参与的欲望和产生参与的动力。否

---

[1]　参见李国旗:《我国公众参与行政决策动力机制研究》,《中共天津市委党校学报》2015年第1期,第79页.

[2]　参见中共中央马克思恩格斯列宁斯大林著作编译局:《马克思恩格斯全集》(第一卷),人民出版社1972年版,第257页.

则，只会出现越来越多的"搭便车"现象。针对此，政府必须采取有效措施尊重和保障公众利益。环保部门尤其是与群众联系紧密的基层环保部门，应当认真倾听公众意见，准确了解公众对于环境的态度与关注点，及时把握公众动态，形成符合公众需求、满足公众利益并切合公共服务目的与发展趋势的环境决策。同时，由于公众本身结构复杂，个体利益不尽趋同，故为减少政府行政成本，提升政府行政效率，应当将公众利益以组织化形式加以表达。当下作为环境领域行动积极性最高，最能体现公众利益的当属环保社会组织，但是我国现有法律规定对于环保社会组织成立设立了较高的门槛条件，故为实现公众利益的有效表达，解决公众参与的动力不足问题，一个亟需解决的问题就是降低环保社会组织的成立条件。笔者建议对于公益性社会组织改审批制为登记制，加快推进公益性社会组织的规范化，通过社会组织将公众利益加以组织化表达，集中的利益表达，可视化效果明显，公众能够清楚认识到自己的利益被有效展示，更能促进公众参与的积极性。

除利益外，权利也是公众参与的重要动力因素之一。"权利神圣是我们坚定的信念，为权利而呐喊是我们永恒的责任。"[1]权利本身即是对公众参与的一种激励。权利意味着公众个体能够平等地发出声音，个体权利的行使意味着他人义务的履行，个体能够从权利的行使过程中得到他人的尊重和认可。人们如果缺少权利或者权利不能够有效行使，个体的要求完全依赖偶然取得，则人的尊严将得不到满足，有权利，人才能活的像人[2]。才能在此基础上积极行使权利以维护自身利益。故政府负有以法律形式赋予公众参与权并通过具体的制度设计保障公众参与权实现的义务。我国《环境保护法》已经明确规定公众参与的权利，同时，《环境保护公众参与办法》也将公众具体参与环境治理进行了制度安排，但是，要完全激发公众潜在需求并促使其行动化，上述法律规定明显无法解决公众参与动力不足问题。要真正激发公众参与环境治理，应当在权利与权力间形成

---

[1] 参见张文显，姚建宗：《权利时代的理论景象》，《法制与社会发展》2005年第5期，第10页.

[2] Joel Feinberg. "The Nature and Value of Rights", Vol. 4: 4, *Journal of Value Inquiry* (1970)：243-260.

充分尊重公众参与权的制度设计，形成公众权利对于政府权力的有效制约；另一方面，在公众参与主体间，应形成权利配置的平衡[1]，偏袒任何一方的权利配置，均将失去社会公平，终将难以令公众信服，进而打消公众参与的积极性。

二、公开互动贯穿参与过程

我国公众参与是建立在政府集权基础之上的，政府的刚性管理已经成为政府行政行为的惯性，迫于政策和法律的规定，地方政府在环境治理领域对于公众参与虽做出了积极的姿态，但是实际仍然是犹豫的态度，要真正实现公众参与权，发挥公众参与的实效，要求政府必须摒弃一切猜疑和犹豫，最大限度的调动各种资源，释放社会活力，自上而下的强力推动公众参与。

（一）政府环境信息公开

政府信息公开，是社会政治和经济发展到一定时期的必然要求。政府可以利用信息公开提升治理质量和效率，打造廉洁政府、服务型政府；社会力量如企业或者公众可以利用对外开放的政府信息创造商业价值或者实现其社会功效，这样对于政府和社会而言，才能达到双赢。

我国现有法律、法规、规章如《环境保护法》《环境信息公开办法（试行）》《政府信息公开条例》等，已然从公开的主体、公开的内容及途径、方法等方面进行了系统规定，但是，问题仍然突出，需要在以下几方面予以加强。首先，对于环境信息的收集、使用和销毁，没有统一的管理机构。政府环境信息公开的前提是政府要掌握大量的环境信息，收集环境信息成为政府应尽的义务，相应地，在政府收集环境信息过程中，公众负有配合的义务。当然，此种配合不是毫无限制的配合，政府在收集环境信息时应当本着对公众最小负担的原则，减少因政府收集环境信息的行为

---

[1]　参见张鹏：《论权利之于尊严的意义》，《法学论坛》2013年第4期，第81页.

给公众造成困扰[1]。故在向社会公众收集环境信息时，由专门的统一的部门负责进行信息的收集整理，将有助于提升政府行政效率，也能使公众明确当其掌握某种环境信息时，应当向具体哪个部门提交。专门环境信息管理部门的设立，统一负责有关环境信息的收集、使用与销毁工作。在收集阶段，编制年度环境信息收集计划及核算收集工作将会给社会公众带来的影响；使用阶段，负责将环境信息按照信息类别、信息的价值功能、污染源等分配给不同的政府相关职能部门，并同时监督各职能部门对于环境信息的运用情况；在销毁阶段，对于过期及不适合再应用的环境信息，统一告知社会公众和政府各职能部门，定期核检环境信息，定期清理销毁环境信息。统一的环境信息管理部门的设立，将有助于各级政府间及政府各职能部门间对于环境信息的共享，同时，也有助于促进公众对于环境信息的使用效率与利用质量。其次，政府环境信息公开包括政府主动公开和公众依申请公开两种方式。"需求程度高"的信息采取主动公开方式，"需求程度低"的信息采取依申请公开的方式[2]，但是，何以准确界定哪种信息需求程度高，哪种信息需求程度低；而且，公众对于环境信息的需求程度应当是一个动态的发展且不断变化着的过程，对于环境信息的需求程度是可以相互转化的。故笔者认为在现有技术水平及政治经济条件下，在无法准确界定公众对于环境信息需求程度背景下，有必要着力解决依申请公开的环境信息部分[3]。这一点在2019年颁布实施的《政府信息公开条例》有明显体现。因为公众主动要求政府信息公开，意味着依申请公开的环境信息对于公众而言，是其迫切需要且紧密关注的，对其生产和生活具有重要影响和意义的，信息公开后会起到良好的社会效果。不像主动公开，常流于形式，且公开的信息经常不被公众关注，效益不彰显。最后，环境信息公开中的利益衡量问题。根据《环境信息公开办法》第十二条规定，对于涉及国家秘密、商业秘密和个人隐私的信息，环保部门不得公开，但是作出了例外规定，即当环保部门认为不公开会对公共利益造成重大损害的环

[1] 参见何渊：《政府数据开放的整体法律框架》，《行政法学研究》2017年第6期，第63页.

[2] 参见程杰：《政府信息公开的法律适用问题研究》，《政治与法律》2009年第3期，第31页.

[3] 参见余凌云：《政府信息公开的若干问题》，《中外法学》2014年第4期，第918页.

境信息，可以予以公开。对此，笔者有几点看法。第一，无论是《环境信息公开办法》还是《政府信息公开条例》，均规定对于国家秘密，政府不得公开。正如王锡锌教授指出的"《保密法》控制下的信息公开是当下信息公开的主要表现"[1]。但是，《保密法》中对于国家秘密的界定相对宽泛且不明确，更有口袋条款扩大了国家秘密的范畴，在实践中，出于对国家秘密的极度敬畏，无论是政府行政机关，还是司法机关，在遇到涉及当事人以国家秘密为由不予公开时，均不敢触碰，只能予以支持。在环境信息公开中，应当以公开为原则，保密为例外。国家秘密不容泄露，这是基本原则，但是，要防止在具体信息公开的操作层面，以国家秘密主导信息公开。这就进一步对相关立法提出要求，提高信息公开的立法位阶，明确国家秘密的衡量机关与确密机关，理顺国家秘密的审查程序，最终实现信息公开主导下的保密。第二，在涉及个人隐私问题时，存在着个人隐私与公共利益间的利益衡量问题。笔者认为，环境利益作为公共利益，其价值与意义要远超过个人隐私。政府在环境信息的收集阶段，无需区分所收集的信息是否涉及个人隐私，在对外公开环境信息时，笔者认为即将对个人隐私的保护义务转移给了具体的使用环境信息的企业或者公众，环境信息公开是政府的义务，对于基于环境公益而释放的环境信息，旨在对于公众环境公益的保护，故环境信息公开属于政府行使行政职能的行为，不应当被追责。而具体使用环境信息的主体，则应当承担起保护个人隐私的义务。在使用环境信息过程中，不应当侵害到他人的隐私权。当然，政府也可以在收集到环境信息之初，通过现代科技技术对信息进行加工处理，将信息模糊化，使得使用信息的公众无法通过信息的使用获知具体的个体隐私，这将是解决环境信息公开过程中，个人隐私和公共利益的权衡的相对折中的办法。

（二）拓宽公众参与渠道

依照我国宪法、立法法及环境资源部门法的相关规定，公众有权通过听证会、论证会、座谈会等形式参与到环境治理中来，行政机关应当为公

---

[1]　参见王锡锌：《政府信息公开法律问题研究》，《政府与法律》2009年第3期，第8页．

众参与环境治理创造条件，并保障公众能够实际有效地深入参与到环境治理中。从公众参与环境治理的实践来看，公众参与的渠道尚未完全打开。究其原因是多方面的。首先，作为公众主体而言，其自身组成结构复杂，对于环境的认知程度良莠不齐，故而对环境的关注程度存在差别。公众自身就难以自发、自愿地参与进环境治理中。其次，政府对于环境问题的公开程度决定了公众是否有意愿参与。环境问题需要一定专业知识，运用专业知识分析污染源、污染物及污染程度及防控措施，普通公众不具备环境方面专业知识，加之政府在这方面的信息公开程度不高，因而导致公众对于自身不熟悉的领域，不愿意也不敢于发表自身意见。最后，无论是听证会、论证会还是座谈会，囿于空间、时间及经费限制，实际参与人数及参与范围是受限的。听证会、论证会等形式，均属于政府部门与公众面对面的沟通交流形式，采取这类方式，信息的交流是直接的，政府获取的信息是真实准确的，也更能够直接了解公众的需求，但是，毕竟能够实际参与听证与论证的公众是有限的，更为广泛的公众是无法实际参与的。现代通信技术的革命，带来了大数据时代，网络时代运用现代网络通信技术，能够将不同时空的人们通过网络平台汇集到一起，为解决环境问题进言献策。在环境治理领域，同样可以应用现代通信网络技术。尤其是立法法修订后，设区的市享有立法权，这就更为以市为单位，推进公众参与环境治理提供了便利条件。嘉兴模式在这方面可以成为其他市的借鉴对象，嘉兴市环保联合会在嘉兴市政府指导下，下设有环保市民检查团、生态文明宣讲团和环境保护专家服务团。这三个团的设立，就是为解决公众环境意识不强，对于环境问题关注度不高及因缺乏环境专业知识而对环境问题望而却步的问题的。生态文明宣讲团广泛吸收环保志愿者，定期或不定期对公众进行环境保护方面的宣讲，包括国家政策层面及环境法律法规层面，当然涉及环境立法方面的内容，此种宣讲形式多样化，包括利用网络平台定期发布环境大事件；专家服务团用来解决普通公众无从破解的环境专业领域的难题，专家服务团的宗旨是用公众能够快速理解的语言，将环境专业问题简单化，让普通公众均能够通过专家服务团的解答，把握所面对的环境问题的实质。此种解答也包括线上和线下等多种不同的具体解答途径。

在利用现代网络技术及多样化的人工服务，拓宽公众参与环境治理渠道的同时，还应注意现行法律体系内，对于公众参与，从程序上而言，均是任意性规定。国家没有以法律形式明确必须引入公众参与。故而公众的参与之于政府而言，不是强制性规定，哪些需要公众参与、公众参与主体的范围是什么、公众以何种形式参与等等，决定权均在政府，极易导致公众参与流于形式，起不到应有的效果。有必要制定具体的环境立法程序方面的实施细则。以环境立法听证会为例，应以法律形式明确听证的范围、参与听证的公众的范围、立法听证举行的程序性细则等。

（三）对公众参与的有效回应

回应性是民主正当性的理由[1]。公众提出的意见能否获得政府部门的及时有效的回应，成为衡量政府民主行政的重要标准。公众的意见被政府漠视或者忽略，那么公众参与就沦为公众单方的形式意义上的"表达"，而非实质意义上的民主参与[2]。因此，为敦促政府及行政机关依法行政、民主行政，应明确行政机关的合理回应义务，以此约束行政机关认真倾听公众意见，合理分析和采纳合理的公众意见，避免政府行政失去内在的民主价值。

我国公众参与环境决策过程中，《环境保护公众参与办法》第九条规定了环保部门对于公众意见的回应义务，要求环保部门对于公众意见应当进行归类整理和分析研究，并以适当方式予以反馈。但是此规定过于笼统和抽象，没有具体规定环保部门应当在何时以什么样具体的方式对公众意见予以回应。公众参与是各方利益进行表达和寻求利益平衡的平台，如果缺少一种体制性的结构使各方利益得到关注同时给予回应，那么公众参与可能被符号化[3]。

笔者认为应当对环保部门对于公众参与形成的合理意见的回应义务具

---

[1] Robert A Dahl. *Democracy and Its Critics*, (Yale: Yale University Press, 1989), P.95.

[2] 参见邓佑文:《行政参与权的政府保障义务:证成、构造与展开》,《法商研究》2016年第6期, 第70页.

[3] 参见朱谦:《公众环境行政参与的现实困境及其出路》,《上海交通大学学报(哲学社会科学版)》2012年第1期, 第39页.

体化、明确化，以满足公众意见获得合理回应权的实现。第一，应当明确环保部门作出回应的时间节点。及时与否展现了环保部门对于公众参与的主观积极性，体现了环保部门的一种态度。要变被动回应为主动回应，把握好回应的时间节点是关键。有必要在立法中明确环保部门或其他行政机关对公众意见的法定回复期限，对于重大、疑难和涉及公众人数较多，难以在法定期限内作出回应的，可以适当延长回复期限，但是，不得无故拖延，要保证政府回应的时效性。第二，就政府回应的具体方式而言，应当充分利用现代网络科技的力量，打开新媒体的运用渠道，形成以舆论倒逼政府回应的机制[1]。通过微博、微信公众号、直播等方式，对于公众关注的环境事件进行实时更新和追踪报道，以官方平台及时向公众回馈信息，避免小道消息、谣言等非正当渠道对于环境信息的传播，同时也有助于提升政府的公信力，增强公众对于政府的认同感。第三，就政府回应的内容而言，应当保质保量。对于公众意见的回馈，应当具有针对性，具有说理性和说服力，能够取得公众的认可。切勿出现答非所问或者统一官方口径，千篇一律的"僵尸"性回应。当然，政府回应的重点应当放在不予采纳公众意见方面，说明不予采纳的理由，同时，要赋予公众对于政府在不采纳其意见时的救济权利。

三、授权合作提升参与层次

传统的公众参与的模式与参与方式，导致我国当下环境治理领域的公众参与始终徘徊在低参与状态，要整体提升公众参与的层次，需要对传统公众参与进行改变，以授权和合作的方式对公众参与的层次加以提升。

（一）赋予公众环境立法提案权

现阶段，我国公众对于环境立法的参与并不是立法全过程的参与，公众参与的起点是在立法机关将相关环境立法草案向社会公开征求意见时，

---

[1] 参见辛方坤, 孙荣：《环境治理中的公众参与：授权合作的"嘉兴模式"研究》，《上海行政学院学报》2016年第4期，第78页.

即我国公众对于环境立法的参与是一种事中和事后的参与，主要是对法律草案的听证环节的参与及法律实施阶段的参与，此种末端参与无法从根本上保障环境立法的民主性与代表利益的广泛性。根据《中华人民共和国立法法》的规定，有权提出法律案的主体为全国人大代表，公众没有被赋予提出法律案的权利，而立法动议权才是环境立法的源头。

公众通过选举人大代表行使法律提案权参与环境立法，是一种间接参与。此种参与方式是我国民主集中制原则的具体体现，但是，受限于我国公民法律意识、权利意识相对淡薄，且公众与人大代表间的沟通互动交流机制欠缺，导致在环境领域的立法，真正源自于公众参与的立法提案数量有限。在整个环境与资源法律体系中，除人大代表提起环境法律议案外，对于行政法规、部门规章等，可以考虑赋予公众、环保社会组织以环境法律提案权，尤其是环保社会组织，作为环境领域的专门组织，其时刻关注生态环境发展，成员专业技术性强，能够及时发现生态环境发展中的问题，提出的意见和建议往往针对性强，能有效弥补立法机关作为单一主体的局限。当然，赋予公众以法律提案权，一方面，并不意味着排除行政机关的主导作用。公众参与应当是在政府主导下的参与，行政机关对于公众的提案，应当统筹考虑，吸收采纳公众合理意见，对于不合理、不成熟的意见，应告知公众；另一方面，赋予公众环境法律提案权，并不是要任意扩大公民的提案权利，而是从法律上明确公众享有向行政机关提出建设性意见的权利，且公众的提案有依法被合理采纳的权利。

（二）推行环境公众评审员制度

公众对于环保部门的环境行政执法活动，尤其是对给予污染企业的环境行政处罚并不了解。在环境处罚过程中，处罚额度是如何产生的、是否同案同罚，处罚的背后是否关涉人情罚、态度罚等，这些都是公众关注但是却不能获取详细信息的环节。只有在环境行政处罚环节引入公众参与机制，赋予公众对环境行政处罚裁量权的话语权，才能够有效解决上述问题。

公众评审员组成可以多元化。环保专家、人大代表、普通群众和企业负责人等均可以成为公众评审员，产生的方式既可以是自荐，也可以由机构推荐或媒体招募，每次行政处罚前，环保局从评审员名单中抽取至少5人以上组成评审团，进行具体污染企业的行政处罚的裁量。评审的地点既可以是当地的环保局，也可以到被评审的污染企业进行实地评审，笔者比较赞同实地评审，因为到具体的污染企业，给污染企业方一个与评审团直接交流沟通的机会，给予其抗辩的权利，通过沟通与交流，更能够让评审团形成准确、客观且真实的评审意见，该意见也更能够为污染企业所接受。评审团对所涉环保事件及污染企业的处罚额度进行讨论，决议采取少数服从多数原则。环保行政机关的行政处罚决定应当是在公众评审团评审决议基础上形成。

授权公众参与环境行政处罚，为公众参与环境治理开辟了一条绿色通道，公众参与审议环节，对处罚额度、法律适用、污染防治等提出参考性意见，能够有效避免政府行政行为的随意性，规避政府环境行政的乱作为或不作为现象，能够确保在环境执法过程中体现民意、集中民智、凝聚民力。在公众审议环节，允许被处罚企业进行抗辩，与评审团直接沟通交流，企业作为纳税人的权益也得到了充分的尊重与维护，提升了政府环境执法的公信力。当然，公众评审员制度涉及的是政府环境执法行为，在环境司法过程中，同样可以引入公众参与，以公众组成陪审员参与法官对于环境类案件的审理，尤其是环境类专家作为环境陪审员，将对环境类案件中的环境专门技术性问题的解决具有重大意义。

（三）以公众"点单权"促进环境执法公平

环境治理过程中，敦促政府等环境行政主体履行环境监管职责、保证环境法律政策的有效实施是其不可或缺的重要组成部分。政府对于生态环境的监管是行政权力介入社会性事务的一种具体体现[1]，对于政府环境监管行为，除需其内部自行建立有效监督机制外，外部监督同样必不可少。当下，我国对于政府环境行政行为的外部监督主要依赖检察机关提起环境行政公益诉讼，但是，从实践看情况并不理想，这主要是因为检察机关易

---

[1] 参见章楚加：《国家治理现代化视域下的环境监管履职失范困境及其消解路径》，汪劲，王社坤主编：《生态环境监管改革与环境法治》，中国环境出版社2019年版，第21页.

受到来自地方政府追求区域经济增长的干扰。故笔者认为，在检察权无法全面有效对政府环境行政行为进行监督的情况下，应当充分调动和发挥公众等社会主体的监督功能，其中，赋予公众以"点单"权是经过实践检验相对收效颇佳的选择。

公众"点单权"，即赋予公众随机点名的权利，借以构建政府与公众及企业间的相互信任[1]。政府环境监管职责的履职过程，如果由环保部门单独展开，其监管的过程及结果很大程度上会遭到公众的质疑。在政府履职过程中，引入公众参与相关机制，赋予公众对于政府监管行为和企业污染行为的"点单权"，公众有权利以自主点单或者随机抽检的方式，检查其有理由认为政府在履职过程中或企业在生产经营过程中存在违法违规情况的政府履职行为或企业污染行为。环保主管部门有义务对于公众点单的结果予以公布和公示。此种方式，加强了对于政府环境行政行为的外部监督，充分动员和利用了社会力量，同时，避免了政府在履职过程中与企业的合谋行为。一方面降低了政府环境治理的成本，同时激发了公众参与环境治理的热情，培养了公众参与的意识，还增强了政府环境行为的客观性和公正性，得到公众的认可与支持；另一方面，对于企业而言，有力地牵制了企业的污染行为，有助于敦促企业转变发展理念，进行绿色生产技术的革新，实现绿色生产。

第二节　企业维度公众参与权的实现

自我国《公司法》引入社会责任以来，企业社会责任成为学界热议话题。企业为最大程度的追求社会责任的实现，应当不断审视自身行为，并通过与公众等利益相关者进行沟通与协商，对社会与公众的期望作出响

---

[1]　参见林卡，朱浩：《嘉兴市环境治理制度创新及其启示：基于程序正义和公众参与视角》，《湖南农业大学学报（社会科学版）》2016年第4期，第73页.

应,从而在企业生产过程中优先考虑企业社会责任[1]。故在对环境治理过程中公众参与权进行考察时,有必要从企业实现社会责任的角度出发,探讨企业如何推动公众参与权的实现。

一、企业环境信息公开

企业有必要对可能影响企业行为或可能受到企业行为影响的群体的需求作出响应[2]。如果对利益相关者的响应不当,有可能会影响企业绩效或减损企业的社会形象,企业与利益相关者间的互动,企业的环境信息公开是一个必要前提,企业环境信息公开不应该沦为一种消极的形式化的应对,而应在企业与公众间真正搭建沟通协商的桥梁。

(一)企业环境信息公开的主体

企业环境信息公开的权利主体为享有获取环境信息权利的人,不同的权利主体基于自身特定的利益需求,对环境信息的需求程度也不同。首先,政府等行政机关为行使环境行政管理权限,形成环境决策,需要全面掌握企业环境信息。政府等行政机关对于企业环境信息的要求在众多权利主体中最高,需要掌握了解企业在整个生产经营过程中的环境信息,既包括企业生产过程中的污染物排放信息,还包括企业对于环境法律法规的执行情况的信息和污染防范与治理方面的信息;公众对于自身生活区域的环境质量较为关注,公众更希望了解企业污染物排放与防治方面的信息;企业员工也是企业环境信息的权利主体,员工作为企业内部成员,其更为关注的是企业工作场所的环境安全状况、企业的环境管理水平方面的信息;投资人和债权人作为企业环境信息的权利主体,在企业环境行为是否会对企业营利造成影响以及企业在环境治理方面的投入与产出会更为关注。

企业环境信息公开的义务主体包括强制性公开的义务主体和自愿性公

---

[1]　参见沈朝晖,张然然:《企业社会责任的反身法路向》,《首都经济贸易大学学报》2019年第1期,第103页.

[2]　R.Edward Freeman. "The politics of stakeholder theory: some future directions". Vol. 4: 4, *Business Ethics Quarterly* (1994) : 409-421.

开的义务主体。对于自愿公开的义务主体范围，为在我国境内依法成立的所有企业，我国鼓励任何企业依法公开环境信息。对于需要强制公开的义务主体范畴，按照《环境保护法》《企业事业单位环境信息公开办法》等法律、法规、规章的规定，在当下，为重点排污企业和依法应当编制环境影响报告的建设单位。笔者认为，现有法律规定不能够囊括依法负有环境信息公开义务的所有主体范畴，应当扩大强制性公开环境信息的义务主体范围。如仅以污染物排放量作为判断企业是否应当强制公开环境信息进而得出重点排污单位才负有强制公开的义务，判断标准过于单一。实践中，企业在生产经营当中，一方面主动排放了污染物，对环境造成了实际损害，另一方面，任何企业的生产经营行为同时也是对能源的消耗，故应当将能源消耗超标的企业也纳入强制公开的义务主体范畴[1]。另外，处于环境敏感区的企业，即使污染物排放达标，也会破坏环境的自净能力，故源于环境敏感区对于环境质量的高要求，有必要将位于环境敏感区的企业列入强制公开的义务主体范畴。

（二）企业环境信息公开的内容

信息公开是环境法的一项基础性法律制度，是公众有效参与的前提性条件。排污企业作为环境信息的最初持有者，有义务因应法律规定和公众参与的需求，以自我规制的方式，主动、全面地向社会公开环境信息。企业公开的环境信息应当是基于企业生产各个阶段全过程的动态整体环境信息，公众对于企业公开的环境信息享有无障碍的查阅、复制等权利，以保障公众参与的实效。

企业公开的环境信息，从整体看，既应包括企业在进行生产前制作环境影响评价报告的情况，也应包括生产过程中污染物的排放情况，如污染物的种类、浓度和排放数量，是否为超标排放等情况，同时，还应包括生产活动结束后的废弃物的回收、清理及迁址后的环境恢复工作的信息公开。近年来，随着绿色商业的兴起，企业为提升自身竞争力，产生了在法定要求之上进一步提升环境表现的需求，这也成为环境法律法规的一个新

---

[1]　参见王文革：《环境知情权保护立法研究》，中国法制出版社2012年版，第114页.

的发力点，即以法律法规的形式型塑企业的声誉机制。最为典型的当属环境标志。环境标志是由政府或第三方机构依据一定的标准作出，并赋予满足条件企业，由企业将其印在产品的外包装上，以彰显企业卓越的环境品质。环境标志也可被视为是企业的一种旨在提升品牌声誉的信息公开的内容。自德国1978年首次使用"蓝色天使"环境标志开始，环境标志被世界各国广泛应用，成为打破贸易壁垒，推动公众参与的有力工具。我国于1994年由国家环保总局、国家质检总局等11个部委联合组成了中国环境标志产品认证委员会，代表国家对绿色产品进行权威认证。中国环境标志的图形为中心是绿水、青山和太阳，四周由十个环形紧紧围绕，环环相扣，其寓意为在公众的广泛参与下，全民共同保护生态环境。

公众参与是实现公正价值追求的重要环节，企业自我规制基础上的环境信息披露制度，因应公众参与的需要，应依托制度化渠道，将公众参与技术性的镶嵌进信息公开的各个重要节点和关键环节，以确保公众能够对企业信息公开实施程序性和实体性的有效的监督。企业环节信息披露制度，应是建构在可行性公众参与基础上的，应在生产经营活动进行前、生产过程中和生产结束后，均能够保证公众作为利益相关者参与权利的实现，明确公众有参与制定环境标准、参与进行环境监测及信息披露全过程的参与权。企业信息披露不应流于形式，消极应对，其应是为公众提供有效途径，以此来衡量企业是否随着生产的进行在不断回应和满足社会的期待与需求，借以为企业提供合法生产的外部性条件，缓解企业生产的"公正赤字"。

（三）企业环境信息公开的方式

企业应采取灵活多样方式对外公开环境信息，以保证公开的环境信息能够被公众所知悉。根据《企业事业单位环境信息公开办法》的规定，企业可以依托企业网站、对外信息发布平台、报刊、广播、新媒体、监督热线等多种方式对外发布企业环境信息。企业以便于公众获取的方式发布企业环境信息，才能实现企业与公众间的有效沟通与交流，建立企业的社会责任形象，公众在了解企业信息的情况下，才能对企业进行正确的判断，才能形成与企业协商的正确前提。

　　虽然现有法律对于企业环境信息公开的方式已经进行了相对全面的规定，但是笔者认为仍有提升的空间。第一，为顺应时代发展对于经济增长的新要求，笔者认为企业的信息公开应当形成可持续公开机制，形成企业可持续发展报告。在企业的环境信息中，更多地嵌入绿色发展机制，契合党和国家对于生态文明法治建设的要求，人与自然和谐发展、经济的可持续发展已经成为一种趋势。故企业如想发展壮大，打造百年企业，必须具备长远企业运营策略与发展机制，在信息公开的制度建设层面也应如此，形成可持续的信息发展策略，使公众对于企业的经营理念、经营情况有一个延展、持续的印象，这将更有助于企业发展。第二，对于突发环境事件和环境群体型事件，应当开通绿色信息通道。这两类事件均呈现出明显的聚众性、突发性、敏感性等特点，处理不好，对于企业将造成不可逆转的损害，故应谨慎对待。建立绿色信息通道，专门针对这两类事件建立应急处理机制，由专门的人员与渠道及时发布企业环境信息，并对公众要求作出及时反馈，只有通畅的信息交流，真实的信息内容，及时的沟通，才能实现企业与公众间的有效互动，消除公众恐慌，缓解企业与公众间的矛盾。

二、建构自治导向的企业环境管理体制

　　企业在国民经济发展中，体现出一体两面的特点。一方面企业作为国民经济增长的"助推器"，创造社会财富，推动经济发展；另一方面，企业在生产过程中，经常会出现能源消耗居高不下，污染物排放处理不当，对生态环境造成巨大破坏的情况。在生态文明建设已成为时代命题的背景下，环境治理同样成为企业承担社会责任的常态命题。深入研究企业内部环境治理机制，对于有效推动企业自动履行社会责任，加快生态文明建设具有重要意义。

（一）企业内部环境管理制度建设

　　企业内部环境管理制度，是将企业环境责任融于企业日常运营、质

量管理和长期规划的管理制度[1]。在企业内部环境管理制度中，包含了一系列企业内部自控制度、企业内部与外部沟通制度和第三方审核方面的制度。这些制度在企业中被广泛运用，显示出强大的生命力。

企业自我规制的重要内容之一是建立企业内部环境治理体制，企业作为以营利为目的的经济实体，清楚自己的利益所在，追求私益、实现利益最大化是企业生产经营活动的终极目标。生态文明法治建设背景下，企业在追求私益的同时，必然要清楚企业生产行为的利益边界。在环境法律许可的范围内，一方面，允许企业实现其生产经营的营利目的，另一方面，企业也要承担环境治理的公共任务。在尊重企业自主经营的基础上，最大限度地调动企业环境治理主体的责任意识，促使企业自主选择建立企业内部环境治理机制，才能实现企业营利与环境治理的双赢。企业内部环境治理机制是依据法律要求和社会需求，在企业内部设置专门的环境治理机构，并配置专门的环境事务专员。由企业内部环境治理机构结合企业自身生产经营及污染物排放情况，决定相应的污染治理措施。2008年环境保护部《关于深化企业环境监督员制度试点工作的通知》中，明确了企业环境管理的组织架构，企业的环境治理的责任体系由企业领导、企业环境管理部门、车间负责人和车间环保员组成，并根据企业生产和污染物排放情况，设置企业环境监督员。企业领导应以企业环境管理总负责人形式出现，实行追责制。企业内部基本的环境管理制度包括：企业环境规划与计划、污染减排计划、企业环境综合管理制度、企业环境保护设施设备运行管理制度、企业环境监督管理制度、企业环境应急管理制度、企业环境监督员管理制度等7个方面。2015年修订的《环境保护法》更进一步明确污染物排放单位应当建立环境保护责任制度，明确单位负责人和相关责任人的环境保护责任，同时，也对环境应急制度作出了明确的规定。以自我规制为制度逻辑起点的企业内部环境管理体制，在充分尊重企业自主权利和行为自由的基础上，意图通过指导企业在环境法律框架内追求自我利益的同

---

[1] Cary Coglianese, David Lazer. "Management-Based Regulation: Prescribing Private Management to Achieve Public Goals", Vol. 37: 4, *Law and Society Review* (2003): 691-730.

时，以企业自身制定行为规则的方式，对政府规制进行积极回应，以达到既能促进企业经济利益的实现，又能保障环境公共利益实现的目的。

（二）企业外部环境管理制度建设

1. 优化政府规制与企业自我规制的关系

权责明确、管理科学的企业内部环境治理体制，在实践中体现出强大生命力。但是，单纯的、没有任何限制的自我规制是不现实的，鉴于企业的不完全理性、经济趋利本性等特点，需要在保障、激发企业自我规制的同时，以法律和制度手段对企业的自我规制行为进行必要的约束和限制。

企业自我规制本质上属于政府规制下的社会规制的具体内容之一，其与政府规制间不是对立排斥的关系，而是一种互动、互补和相互融合的关系。环境治理离不开政府规制作为引导，政府应当把控规制的维度，对于可以由企业自我规制的内容，让渡政府规制的权力，由企业内部环境管理机构结合企业自身生产和排污实际情况，制定符合本企业特点的规制内容；对于必须由政府规制的内容，避免出现规制真空与规制不足的现象，同样，也要杜绝政府无限规制的情况发生。赋予企业自我规制的权力，强调政府与其他环境主体间的合作治理，放弃传统高权行政下政府独享规制权力的地位，以行政授权或商业合作等方式，在环境治理中发展出一条公私融合的法律进路，相较于传统政府中心主义的规制进路，它更易于被接受，真正实现环境领域的信息共享，及时发现和纠偏企业环境违法行为，也更利于缓解环境政府规制的压力，减少寻租行为的发生，甚至可以有效敦促企业在法定标准之上探索更有利于环境保护、绿色生产的生产经营行为。

2. 以公众参与制衡和纠偏企业自我规制

企业经营行为镶嵌在整个国民经济运行环境中，因此，企业不应当仅将营利、实现股东利益作为企业唯一经营目标，企业有必要对可能影响到企业经营行为及可能被企业经营行为影响到的群体的需求作出回应。对这些群体需求的回应不当，势必减损企业的社会表现；不能正确识别和应对不同群体的利益需求，也势必会影响企业的决策方向，进而影响其营利目的。企业要实现其长远发展目标，正确的做法是在企业自我规制的进路中引入公众参与。通过与企业外部利益相关群体进行商谈，了解公众的需求与不同的利益诉求，进而反思企业现存生产行为是否满足公众预期，是否符合社会发展要求，最后对于滞后于社会发展需求，与公众利益完全相违的生产行为予以改革。将外部的公众需求内化为企业内部的战略规划与管理规范，在对不同利益进行甄别和平衡的基础上，评估和调整企业战略决策，以更好地回应社会需求，满足企业长期发展需要。

3. 基于合同的自我规制

在企业、政府、第三方机构和其他社会主体间，以契约形式，通过规定环境治理责任与义务条款，对在合同履行过程中的违约方给予一定惩罚而建立的一套合作规制方式。这种规制方式，吸纳更多的社会主体以利益相关者姿态参与企业的生产经营，可以被视为是一种通过私手段的公益环境治理方式。主要包括第三方规制制度和环境保护协议制度。

第三方规制以更为专业的技术和更低的成本，对企业的清洁生产进行审核，对企业环境标准进行评估认证，对建设和规划项目进行环境影响评价，对污染物排放进行监测等，其中，较为典型的是环境污染的第三方治理。第三方治理改变了传统的"谁污染、谁治理"的环境治理模式，转而形成"污染者付费，专业化治理"的方式。我国早在2005年国务院《关于落实科学发展观加强环境保护的决定》中就形成了对于第三方治理的有益探索，《决定》中鼓励排污单位委托专业化公司承担污染治理责任。2014年国务院办公厅进一步出台《关于推行环境污染第三方治理的意见》，形成了我国第一部较为全面、系统规定环境污染第三方治理的法律文件，为构建环境污染第三方治理的具体法律制度提供了导向与支持。在企业环境自治过程中，引入专业的第三方环境服务企业，与排污企业分担环境治理成本及风险，降低了排污企业的生产成本，成为企业环境自治中的一项重要举措。实际上，无论是第三方治理，还是第三方认证、第三方监测、第三方评估等，均是采用合同形式，将社会力量分配至企业自治中来，与企业一同分担环境治理的成本与风险，分享环境治理的成果。在这个过程中，需要注意的是如何以法律形式规制风险，明确各方主体的权利与责任义务。以环境污染第三方治理为例，环境污染第三方治理是排污企业与环境服务公司缔结合同的方式，排污企业按照合同约定缴纳一定费用，由环境服务公司按照合同约定对排污企业排放的污染物进行治理。环境服务公司与排污企业间是合同法律关系，双方应当严格按照合同约定履行各自合同义务。但是，当出现一方尤其是环境服务公司一方的不适当履行造成环境侵权时，责任如何划分，是一个尚未完全解决的问题。按照我国《环境保护法》的相关规定，当前我国环境治理的主体仍然限定为排污企业，即环境服务公司无需承担环境治理主体责任，这就直接导致在因环境服务公司的过错致使产生环境侵权时，受侵害方直接求偿的主体仍然为排污企业。当然，排污企业在赔偿后，有权按照合同约定对环境服务公司进行追偿。此种法律责任承担的方式，实际上加重了排污企业的责任。学界也一直存在环境侵权到底应适用《侵权责任法》的哪条法律条款的争议。笔者认为，出于"谁致损，谁担责，责任自负"法治理念，不应当让排污企业成为环境服务公司的"替罪羊"，如环境损害结果是由环境服务公司过错导致的，那么，理应由环境服务公司对自身行为承担法律责任。这更符合公平、正义的法治理念，也更能够激发排污企业环境治理的积极性。此外，环境责任除环境民事责任外，还包含了环境行政责任问题。因环境服务公司作为环境治理的第三方出现，引发了环境服务公司是否能够成为政府环境行政行为的相对人的讨论。我国现有法律、法规没有规定环境服务公司可以作为环境行政相对人，意味着排污企业要承担环境服务公司的环境行政责任。政府环境行政根本目的在于通过处罚坏境违法相对人，使行政相对人不再做类似的危害社会公共利益、破坏环境公益的行为，如若环境服务未按照合同约定履行治污义务，导致发生环境损害后果，却因其不具备行政相对人的主体资格，而要由排污企业承担此行政责任，那么环境行政处罚等政府行政行为就失去了原有的意义和价值，在一定程度上纵容了环境服务公司的违约、违法行为。因此，有必要以法律形式明确，环境服务公司能够成为独立的行政主体，一定条件下能够成为行政相对人进而独立承担行政责任。不能因民事合同的委托关系的性质而否认主体行政责任的独立性。只有从法律上，厘清排污企业与环境服务公司的环境民事责任与环境行政责任，才能真正发挥主体自治的功能，才能真正调动各方主体参与环境治理的积极性。

环境保护协议制度在企业与政府间搭建了商谈的平台，在法律允许的范围内，双方对企业的环境表现达成合意，对满足协议条件的企业，由政府给予行政规制方面的优惠，如税收、政府采购等，或给予一定的物质奖励。较之传统政府单方规制模式，环境保护协议在适用过程中更具灵活性，且对于自愿签订的协议，也更能够被企业所遵从。在政府、企业与各类利益相关者间以协议方式搭建商谈平台，鼓励企业在决策前后与政府、公众进行必要的对话，分享环境信息，以促进企业更好地了解其所在社会、所处利益群体的环境要求，通过获取的最新信息去革新企业生产行为。于企业而言，获取了政府与公众的信任，节约了企业的生产经营成本，提升了企业效能；于公众而言，消除了公众顾虑，增强了公众对于企业的信任，揭开了企业生产经营的神秘面纱，以公众参与助力企业环境治理；于政府而言，减轻了政府行政压力，提高了政府亲和力，有助于政府环境治理目标的实现。

传统规制模式下，企业往往被定位为被规制者，在环境治理中处于消极被动的地位，多中心治理模式下，企业成为环境治理主体，分享政府治理权力，成为积极主动探求更为高效的环境治理手段的一方，也改变了以往被动消极的地位。

第三节　社会维度公众参与权的实现

党的十九大报告提出"构建政府为主导、企业为主体、社会组织和公众共同参与的环境治理体系"。这为公众参与环境治理提供了顶层的政策支持。《环境保护法》以专章阐述信息公开与公众参与，以部门法的形式为公众参与环境治理提供法律基础。生态文明法治建设，需要借助社会力量平衡国家权力，借助"软性"工具平衡"硬性"工具。通过政策支持、法律保障，允许、鼓励公众参与环境公共事务的治理，公众的主体地位跃至法治的前台。同时，风险社会下，对于公共事务的治理呈现出"去中心化"的发展趋势，政府的单维度管制模式不再适应社会发展需要，生态环境治理在政府主导下，有必要注入新的元素，以分担、化解政府管控模式的风险。

一、多元化的参与主体

政府、企业与社会三个维度，打造共建、共治与共享的治理格局。其中，社会维度在多元共治的环境治理体系中占据重要地位。政府简政放权，让渡权力与社会，释放社会活力，利用社会能力，弥补政府单独治理之不足。公众参与权的实现同样需要借助社会平台，以社会之力量助力公众参与权的实现。环境资源是共有物品，人无差别地对其有利用的权利，同时，有保护环境的义务，故社会当中的所有组成团体或者个体，均有权参与到环境的治理过程中。

（一）行动者个体层面的参与

公众以个体形式参与环境治理，不应当处于完全受支配状态，应赋予其与其他组织化形式出现的团体以平等的话语权。但是，公众个体参与环境治理存在一定的限制，其功能与效果受制于参与的无序性、利益的分散性，难以形成一致的利益诉求。公众内部往往存在多元的利益竞争，个体为更大程度地满足自身利益需要，会极力夸大自身利益的重要性，贬低其他具有竞争关系的利益需要，分散的个体提出的主张也是分散的，这将削弱其追求共同利益的能力。

个体化的公众在环境治理过程中处于弱势地位。但是，个体化的公众自发、自觉的生活与消费方式，却对环境产生重要影响。公众个体拥有各自不同的利益与价值偏好，但正是差异性的利益与价值偏好，从整体角度看，恰恰构成公共利益与公共价值的基础[1]。全球范围内海洋温度升高，海平面上升速度比过去两千年的平均上升速度还快，世界范围内冰川面积

---

[1]　See Ernest Gellhorn. "Public Participation in Administrative Proceedings", Vol. 81: 3, *The Yale Law Journal.* (1972)：P.359-404.

缩小，大气中的有毒有害物质浓度超过过去80万年的水平 ……要阻止环境污染的持续恶化，需要人们在生产、消耗能源的过程中作出根本性改变，而此种改变很大程度依赖于人们日常生活的转变。尤其是城市居民，随着城市化进程的加快，全国80%以上的人口居住在城市，故市民的生活和消费方式很大程度上决定了城市的可持续发展进程，在城市环境治理中，有组织的市民成为推动城市环境改变的有力动力，应通过"软法"，培育公众的环境保护与参与意识，鼓励公众参与应对城市所面临的环境挑战。

（二）组织化的公众参与

以集体形式存在的公众，能够克服个体的利益分散及组织无序，整合不同利益主体的诉求，协调不同主体的行动，形成不容被政府忽视的社会力量。这其中，环保社会组织成为环境治理中发挥重要作用的以集体形式出现的社会力量。环保社会组织参与环境治理，分享政府治理权限，分担治理职责，在我国最为典型的当属嘉兴模式。嘉兴模式就是以嘉兴市环保联合会为龙头，在嘉兴市政府的支持下，具体通过嘉兴市环保联合会下属的四个专业团队即嘉兴市市民环保检查团、嘉兴市生态文明宣讲团、嘉兴市环保专家服务团和嘉兴市环境权益维护中心来推动公众充分参与环境治理。环保联合会是环境保护的非政府组织，在地方政府支持下，参与到当地的环境保护与治理工作中，参与政府环境决策，监督企业环境污染行为，进行环保知识的普及与宣传，甚至参与处理网络投诉等环境治理过程。环保联合会对于环境治理过程的参与是贯穿性的，包括事前、事中及事后的全过程参与。在嘉兴模式中，以政府为主导，通过部门合作构建对话协商机制，鼓励多方主体参与环境治理进程，加深不同角色的结构性关系，以具体"大环保""联动化""圆桌会"等制度设计，为公众参与环境治理提供制度性的程序保障机制，充分保障了公众在环境事务中的知情权、参与权及监督权。

无论是公众个体还是以环保社会组织的形式参与环境治理，公众均是环境治理的主要参与者。环境作为最基本的公共物品属性，决定了全体社会成员共享。为解决公共物品供给过程的失灵，理应由政府主导进行干预。但"行政合法性要求政府主动对公民负责，责任要求发展一种共享价值观的解释体系，这种体系必须由官僚和公民在真实世界的情境中共同发展起来。换句话说，拥有合法性的行政国家必定要根植于积极的公民参与文化环境中"[1]。公众参与环境治理是当代民主的具体体现，是公民行使环境权利的具体体现，公众的广泛有效的参与，能有效弥补市场调节与政府干预的不足，化解社会矛盾，增强主体信任度，更能够提高政府公共决策的合法性。

二、网络化的行动方式

信息网络技术的爆发，强烈冲击着人们的生活和行动方式，个体的行动逐渐演变为一种融合虚拟与现实为一体的网络化行动方式[2]。个体行为被镶嵌在社会网络里成为网络化行动的一个个节点，成为公众参与的原动力。随着新媒体的普及，我国网民以惊人的增长速度持续递增，民众利用媒体作为行为载体现象凸显，媒体的快速传播功能与公开透明的特质，强烈冲击着传统的公众表达方式和交流方式，开辟了公众参与的新渠道，成为公众参与环境治理的主要行动方式。

（一）"新媒体"——民意表达与传播的平台

公众参与环境治理，传统的行动方式包括：环境信访、电话投诉、集会游行、人大和政协提案等，上述公众参与的行动方式，存在一些共性的特质，如影响范围有限，反馈不及时，公众参与成本较高等，这些特质成为公众有效参与无法逾越的现实障碍。新媒体的出现，以其开放性、即时性、公众性与互动性的特点，极大增强了公众参与环境治理的话语权和参与的热情，尤其在聚合同质利益群体、创新政府与公众有效沟通方面体现出明显优势[3]，成为如今公众参与环境治理的首选行动载体。

[1] Camilla Stivers. "The Public Agency as Public Active Citizenship in the Administrative State", Vol. 22: 1, *Administration and Society* (1990) : 86-105.

[2] 参见左璜、黄甫全：《关注社会性世界的网络化生活：国外新兴网络化行动研究述论》，《学术研究》2012年第2期，第50页.

[3] 参见朱江丽：《新媒体推动公民参与社会治理：现状、问题与对策》，《中国行政管理》2017年第6期，第51页.

新媒体的低准入性和交互性，使得公众认可其作为媒介，能够帮助人们在与政府的对话中享有更多的发言权，新媒体的广泛应用使得传统媒体失去了信息的发布权和舆论的主导权[1]。单个媒体或传统媒体的表达机制，无法形成媒体合力或造成巨大舆论压力，主要源于传统媒体的结构性缺陷，公众听到的均是同样的声音，无法进行利益的辨别，因而无法形成利益聚合。而新媒体具有网络化和去中心化的特点，公众可以在网络中听到不同的声音从而进行利益的识别，形成利益的聚合，最终通过聚合性的群体，实现利益的表达，而此种表达与行动也被认为是在与政府对话中能够得到充分重视和得到有效回馈的方式。新媒体的作用由设计之初的社交功能，逐渐演变成扮演利益诉求、动议释放、公共抗争和社会动员的角色[2]。新媒体的发展使不同阶层的利益得到表达，能够形成利益的博弈和动态的协商机制，对于公众参与环境治理起到重要的推动作用。

（二）多元共治环境治理体系对新媒体的现实需求

多元共治环境治理下，要求政府、企业、社会组织与公众形成环境治理的合力，此种合力的形成，可以借助新媒体的力量与优势，但是，在对新媒体的利用当中，要注意充分发挥新媒体的优势，克服其固有缺陷，使新媒体能够在环境治理中为实现环境善治贡献力量。

我国当下新媒体能够广泛应用，与官方对于新媒体的相对宽松的管制策略密不可分。政府政策为新媒体创设生存环境与存在的基本条件。故新媒体要想与传统媒体并存，获得一定的生存空间，在环境共治视域下，首要的必须满足政府的环境政策要求。当下中国新媒体的市场准入宽松，微信号、抖音号、微博公众号等，无需审批，有些甚至无需实名认证程序，即可加以运作。新媒体对传统媒体产生强烈冲击，赋予了普通公众以话语权，通过突破时空障碍的无差异的即时性的表达平台，个体利益、来自普通群众的不同的最真实的声音能够被政府所知悉。新媒体成为政府释放体

---

[1] 参见徐静：《新媒体环境下公民利益表达机制和政府治理创新分析》，《经济研究导刊》2015年第18期，第312页.

[2] 参见刘小燕：《社交媒体在社会事件中的"动议"释放》，《山西大学学报（哲学社会科学版）》2013年第6期，第135页.

制压力、增强体制韧性的安全阀，新媒体空间的拓展是政府政策选择的结果，故新媒体的运作机制与总体的发展方向，应当是契合政府发展策略，符合政府政治目的的。在环境治理领域，当前，建设美丽中国，推进生态文明建设是社会总体发展方向。故新媒体的运用，同样应当体现时代的意义，把握中国生态文明法治建设的总体发展目标。正如有学者指出，媒介变革得到新媒体的技术支撑，框限于一个国家的政治制度安排[1]。如若与国家政策或国家的制度安排相去甚远，则新媒体的运行将遭到国家的干预。

我国的环境治理体系，在社会领域以社会组织的参与最具影响力，故新媒体的发展，如若局限于个体的、形态松散的形式，在环境治理方面将难以取得显著成效。而如若将新媒体与环保社会组织相结合，则无论从组织结构、资金来源还是人员组成等方面，均将具有一定的稳定性。同时，依托社会组织，能够迅速对主流媒体的话语空缺和话语挑战及时作出回应与补充[2]，以"共同兴趣""共同志愿"凝结在一起的媒体人，容易形成共识，且对环境事业具有相同的热情，能够维持组织的活力。

三、广泛化的参与领域

（一）公众参与环境治理阶段的过程化

就公众参与环境治理的阶段维度来看，公众参与环境治理应该是一个动态的过程、连续的过程、实质参与的过程。这个过程应是一个贯穿整个环境治理的全过程。包括规划过程中的公众参与、审批过程中的公众参与、建设过程中的公众参与、项目日常运作过程中的公众参与，及项目终止过程中的公众参与。就公众参与的程序阶段而言，国内外学者基本已经

---

[1]　David Karpf. "Online political mobilization from the advocacy group's perspective: Looking beyond clicktivism", Vol. 2: 4, *Policy and Internet* (2010): 7-41.

[2]　参见谭爽，任彤：《"绿色话语"生产与"绿色公共领域"建构：另类媒体的环境传播实践：基于"垃圾议题"微信公众号L的个案研究》，《中国地质大学学报（社会科学版）》2017年第4期，第87页。

达成共识，即公众参与的时间应是越早越好，公众越早参与进程序中来，越能发挥公众参与的实际效用，越可以及早发现问题抑或寻求替代方案；公众越晚参与进程序，越难发挥公众参与的作用。本部分笔者意图通过对比我国与英国公众参与阶段的不同进行研究，以期能找出我国现阶段公众参与的阶段问题。

首先，不可否认地，规划阶段是公众参与的第一个阶段，该阶段，一般不会产生有约束力的决定，故政府会广泛征求公众的不同意见。例如英国拟建的由伦敦出发、途经伯明翰到曼彻斯特和利兹的高铁项目（High-Speed2，以下简称HS2），该项目英国于2009年首次提出，在项目规划过程中，在2011年的公众咨询结果显示，有90%的受访者反对该项目的建设，同样的结果也反映在2012年和2013年的咨询结果中。公众主要担心的问题是：一是铁路沿线的地区尤其是奇而特恩地区的生态环境遭到破坏；二是高铁运行自身所带来的环境成本。在整个项目规划过程中，英国的许多行动团体也参与进来，这些行动团体多由反对HS2项目的利益相关者组成，包括铁路沿线的居民、可能遭受破坏的生态环境居住区域的居民、环保NGO及其他一些组织。这些团体相互配合彼此支持，力求迫使政府终止HS2项目。当然，有对HS2项目持反对意见的团体，同样也有支持该项目的团体，这些支持的团体也充分表达了自身的支持意见。无论是支持还是反对的组织或个人，其意见的表达均是经过了独立分析的，政府将来自不同群体的意见均纳入到正式的公众咨询中来，通过现有框架向公众及时发布及反馈各种政府信息。政府也充分表达了政府的意见，对于公众的担心，政府表示项目的建设就温室气体排放而言，不会造成温室气体排放问题，并通过专家以专业数据形式向公众及时发布；另外政府以该项目会极大提升公众福利为由努力博得民众的支持。最终，政府议案得到上诉法院的支持，未来项目的实施不会得到来自法律的限制。可见，英国的基建项目，在项目规划阶段，公众参与是效果显著的。公众通过自上而下的正式方式和自下而上的非正式方式，交互表达意愿，意愿的表达不是简单的表述，而是得到政府认真对待的表达意见，其意见是可以决定政府最终规划是否可以顺利通过的。其次，审批过程的公众参与而言，为确保环境项目建设的合法性，项目规划后各国政府均采取了相应的行政审批程序，以保障项目执行的合法性。该审批程序即意味着规划要获得政府的认可和同意。环保部门在颁发许可证前，应考察规划项目是否符合国家规定的各项环保类指标。在这个过程中，各个国家也都不同程度地规定了公众参与。英国环境总局在颁发许可之前，就规划项目是否符合污染物的防控、废水排放指标、垃圾和废弃物的管理等国家相关规定，规定了12周的环境公众咨询时间。且如规划项目涉及排污行为，负责排污的组织必须对于公众的邻避心理作出回应，以避免当地居民产生情绪化的集体抗争行为。再次，建设过程中和项目日常运作中的公众参与。对于在建项目，产生的污染主要包括空气、噪声污染及施工工地对于周围水质和土壤的污染等。在英国，施工方在建设施工过程中，必须向公众披露建设规划，公众可以通过信息公示了解施工细节，为确保施工方担负起长期的环保责任，还需要对于建设工程的污染水平进行动态的评估，以确定污染是否会随着工程的建设而增加。具体措施如：施工方必须提前告知当地居民施工是否存在潜在危险及危险程度，以便附近居民决定是否要临时搬迁以避免危险；施工方应保证在白天施工，以杜绝光污染，保证居民在夜晚得以拥有高质量的睡眠等。最后，任何项目都有一个生命周期，无论是基建项目还是工厂、写字楼等，均有一个使用的时间期限，技术革新也要求对现有设施进行更新换代。这也是公众参与的最后阶段。在项目的终止和退役过程中，也应与项目的规划、审批等程序一样，高度重视公众的参与。项目的终止与退役，应首先保证当地的环境能够得到彻底的清理与恢复，应保证有毒有害物质得到有效处理，杜绝污染与危险的发生。如英国利兹市中心的Tetley啤酒厂因经营原因而关闭后，新的投资商准备在原址再建一座啤酒工厂。这就涉及到原厂的清理或翻修工作，建厂前，当地居民被告知了老厂的拆除方案和各种污染水平及风险，居民因担心污染会影响其正常生活而需进一步确定更加详细的信息，延缓了该项目的施工。最终在公众的参与下，双方达成的妥协方案是保留部分原厂建筑，将其改造成一个展览空间，其他区域则在老厂搬迁后重新施工。

　　与英国在项目从规划到终止的各个阶段均高度重视公众参与相比，我国在公众参与的阶段问题上，相应的法律制度的设计与规定贯彻方面就不够深入与细致。对我国现行环境领域公众参与的立法进行梳理不难发现，我国公众参与的阶段维度经历了一个从无到有、再到不断提前的过程，体现了我国环境法治领域对于公众参与的高度重视。正如叶俊荣教授指出的，"愈先前的阶段，愈容易引进公众参与，愈后头的阶段（如对很厚也很专业的环境影响报告书作审查），愈难引进公众参与。"[1]依现行《环境影响评价法》之规定，引入公众参与是在规划草案或建设项目报批前，即审批程序启动前，这样的规定实质上延迟了公众参与的时机，导致公众参与的阶段滞后。参与阶段的滞后，极易导致公众参与的事实与法律上的权利的剥夺。为解决这一问题，《环境保护法》与《环境影响评价公众参与办法》均有意识地将公众参与的时间向前进行了延展，将公众参与的阶段从报批阶段向前延展至环境影响报告书的编制阶段。此种向前的延展性法律规定，赋予了公众及时及早参与环评的法律权利，可以保证公众在充分了解规划与建设项目相关环境信息基础上，及时及早提出对建设项目和规划项目的意见；同时，也有利于环境影响报告书的编制者能够及时了解公众心理与需求，及时调整报告书中公众指出的问题，对公众建议给予合理及时的反馈，以便预防在后续建设时对生态环境造成不利影响，也有利于避免资源的浪费。在项目的实施阶段，法律也赋予了公众一定的参与权利，具体体现在环境监督权利与诉讼方面的权利，公众在项目建设阶段，发现在建项目有可能破坏生态环境或侵害其具体权利时，可以通过依法成立的环境组织向法院提起公益诉讼，同时，当发现环境行政执法人员不依法行使职权或滥用、怠于行使职权时，也有向其上级行政机关揭发检举的权利。这些法律规定均体现了不同阶段的公众参与。但是较之英国等发达国家而言，我国目前就项目完成后，项目终止过程中的公众参与没有相关法律规定。项目终止后，当地的环境是否得到了彻底的清理和恢复，退役下来的厂房、设备等是应该被摧毁还是可以被加以翻新，循环利用，不同性质的项目在退役时具体有什么硬性指标需要去执行，这些过程实际均需

---

[1] 叶俊荣：《环境政策与法律》，元照出版有限公司2002年版，第202页.

要公众切实有效地参与。

环境问题的公众参与从参与的阶段维度来讲，应该是贯穿整个环境项目生命周期的，任何一个阶段均应以法律形式将公众参与的渠道与方式加以固化，赋予公众充分表达利益诉求的权利。无论是主动参与还是被动参与，这种参与机制的设定均能有效避免潜在的矛盾冲突，政府和企业应做到，唯有赢得公众的信任才是其环境行政决策及环境行政行为的合法性的依据，才是企业拟建项目取得程序性合法的唯一前提。

（二）公众参与环境治理项目的类型化

就公众参与的项目类型维度来看，公众能够依法参与的环境项目类型主要包括规划、建设项目和经济、技术政策。规划是各种开发建设项目的源头，公众参与规划项目有助于政府从源头掌控和把握具体开发建设项目的发展方向。不足的是我国现有环境立法仅规定专项规划的编制机关应采取有效措施听取公众意见和建议，对于综合性规划未作此规定。规划是决策链的顶端，公众及早介入才能使规划更绿色环保，才能保证从头预防。因此，对于规划应完善公众参与的对象性类型，不仅专项规划可以引入公众参与，对于土地利用规划和海域、流域、区域的建设、开发和利用规划等综合性规划，也可以考虑引入公众参与，以保障政府决策在规划后能够切实有效地实施，保证公众能够对于政府的环境决策提供支持。建设项目的公众参与范围相对比较广泛，工业、社会事业与服务业、卫生、房地产开发、交通运输业等，一切对环境可能造成潜在危险的基本建设项目、区域开发项目、技术改造项目等，公众均可以依法参与，通过法定方式与途径表达自身利益诉求。公众参与环境政策的制定并非易事，2015年施行的《环境保护法》第十四条规定："国务院有关部门和省、自治区、直辖市人民政府组织制定经济、技术政策，应当充分考虑对环境的影响，听取有关方面和专家的意见。"经济、技术政策对于环境影响更具全局性和持久性，若处于决策链顶端的宏观政策失误，那其对于环境所造成的影响将是灾难性的。故我国立法规定在经济、技术政策层面引入公众参与是必要的，这与英美等国广泛开展的战略环境评价有共通之处。只有在经济、技术政策的制定过程中充分考量各种可能对环境造成影响的因素，集思广益，广泛征求各方利益群体的意见和建议，才能建立起环境、经济、社会综合的决策机制。但遗憾的是，由于我国经济、技术政策所牵涉的范围极其广泛，而且带有很强的不确定性，故在具体的制度设计的层面，还缺乏能够有效实施公众参与的机制。从现有立法看，只是原则性的规定，该原则性规定为今后政策制定过程中引入公众参与提供了法律依据，也为今后在政策制定过程中构建具体的公众参与的制度保留了充分的立法空间。

现阶段，就环境领域而言，公众参与环境治理的实效没有进行过实证评估，无法通过具体数据解读公众参与环境治理的实效。但是，不可否认的是，公众参与程度的提高，参与内容的拓宽对环境法治意义重大。事实证明，公众参与至少在三个方面改善了环境治理的效果：一是促进了国家环境立法，在公众广泛参与下，各职能部门加大了环境行政执行的力度，推动了国家行动；二是信息公开化程度的提升，企业排污信息公开透明化，在公众的监督与检举下，推动了企业向绿色生产转型，促使了企业行动；三是公众环保意识被唤醒，公众参与环境治理的主动性、积极性提高，促进了公民行动。

第四节　三方合力共助公众参与权的实现

构建政府为主导、企业为主体、社会组织和公众共同参与的环境治理体系的提出，标志着我国现阶段的环境治理在新起点上有了新使命。即要积极回应公众对于生态环境的需求，提升环境治理水平，为公众提供更好的生态产品[1]。在这个过程中，各方力量应形成合力，采取有力措施，共同努力提升公众参与的水平，这是新时代环境治理的必然要求。

---

[1]　参见周文翠，于景志：《共建共享治理观下新时代环境治理的公众参与》，《学术交流》2018年第11期，第46页.

一、三方合力的典型案例——嘉兴环境治理模式

嘉兴市作为沪杭、苏杭的交通枢纽，地理位置独特，作为交通中枢，其承担的环境成本多，而相对享受的环境利益较少，嘉兴市的环境问题日益显现。为解决日益严重的环境污染等问题，嘉兴市开始不断探索以合作方式推进环境治理的新路径，充分利用政府、企业和社会三方力量，共同参与到环境治理中来，取得显著成效。联合国规划署形成的《绿水青山就是金山银山：中国生态文明战略与行动》报告的"推动环境保护多元共治"一章中，专门介绍了嘉兴模式[1]。

嘉兴市自2007年开始，深入发动群众，动员群众力量先后成立了多个环保领域的志愿服务队，这些志愿者队伍覆盖范围涵盖了城区中的各个街道社区甚至包括污染问题严重的农村，以志愿服务的形式开展节能减排、监督和环境保护等活动。这些志愿服务队成为日后市民环保检查团、生态文明宣讲团和环保专家服务团的基础。2011年，在嘉兴市环保局主持下，嘉兴市成立了环保联合会，由环保局负责人兼任环保联合会负责人；同时，以律师事务所为主体，广泛吸收环保志愿者，成立了环境权益维护中心。至此，"一会三团一中心"[2]的嘉兴模式形成，对于其他城市在环境治理方面具有广泛影响和借鉴意义。

嘉兴模式在推进环境治理中，具有自身特质。首先，充分发挥政府主导作用。政府在推进环境治理过程中承担着制度设计、平台搭建与监督保障等工作，统筹全局。同时，政府在治理中，改变传统"压制"手段为"疏导"手段，减少行政命令的运用，增加参与协商机制的建设。政府负责整合社会力量参与环境资源建设，在"嘉兴模式"中出现的社会组织形式，多数具有公权色彩，是在政府主导下成立的。嘉兴市基于环境民主理

---

[1] UNEP.*Green is Gold*: *The Strategy and Actions of China's Ecological Civilization*. United Nations Environment Programme（2016）：16-18.

[2] "一会三团一中心"："一会"即嘉兴市环保联合会；"三团"即市民环保检查团、环保专家服务团和生态宣讲团；"一中心"即环境权益维护中心。

念推进环境治理工作,通过多种渠道和途径加大公众参与的力度,但是,前提仍是政府居于主导地位,必须由政府把握环境治理的方向,推进环境治理的过程,监控环境治理的结果。政府主导地位不能改变。可见,政府主导是嘉兴模式取得巨大成功的重要保障。其次,在政府主导下,参与环境治理主体多元化。嘉兴市动员全员参与环境治理,治理主体多元复合。包括一般公众、专家、媒体、企业和律师群体等多元主体,且不同主体均有组织依托,相互联动,尤其是嘉兴模式的核心组织体系"一会三团一中心",更是充分发挥了重要作用,弥补了公众个体行动的缺陷,以组织化形式集合了公众利益,集中利益表达机制,与政府进行更为有效的沟通。再次,创新公众参与机制。传统治理模式下,公众一般处于被动和消极的地位,而嘉兴市创新了圆桌会、陪审员、大环保、点单式等公众参与机制,鼓励公众以多种方式和途径参与环境治理,其中,"赋权"是嘉兴市对于公众参与机制的核心突破。将公众参与"权力化",让渡政府部分权力于公众,提升了公众在环境治理过程中的话语权和参与地位,切实将鼓励公众参与落到了实处。同时,公众参与贯穿环境治理全过程,是一种事前、事中和事后的全方位的参与,参与过程的全覆盖性,同样激发了公众的参与热情和参与意愿。最后,参与监督服务并重。"三团"中的市民检查团与嘉兴市独创的市民评审团,重在对企业污染行为和政府环境行政行为的监督;环保专家团的参与,不仅仅在于项目的评审环节,同时还承担着对企业进行环境技术服务与支撑的工作,充当企业环境治理方面的智囊团;生态宣讲团重在服务市民与大众,进行环保教育宣传工作,各个组织均有各自不同的工作侧重点。在环境治理中,将监督工作和服务工作并重,既体现了程序化推动环境治理工作的严谨态度,又展现了工作中的人文情怀,开创了环境治理的新局面。

二、嘉兴环境治理模式的启示

面对日益严峻的环境问题,国家提出了环境治理现代化与多元共治环境治理体系,调整与重构了传统环境治理模式。作为对传统管理工具的改良与升级，多元主体参与环境治理的模式在实践中得到应用与推广，"嘉兴模式"作为多元主体参与环境治理的典型，其在多元主体参与环境治理过程中的各种创新机制的应用，为各地环境治理实践提供了指引，具有极大的借鉴意义。

（一）构建多元主体参与协商的利益相关者平台制度

多利益相关者平台，意指决策主体意识到对于同一资源的管理存在着多方不同的利益主体，有效解决问题，需要相关利益主体共同协商以决定行动策略[1]。其作为一种解决公共资源利用问题的有效方法，被广泛推广。其最早出现在西方国家，并逐渐辐射到世界范围内。

对于多利益相关者平台的使用及其实践效果，国际社会看法不一，有赞同的观点也有批判的观点。赞同者以平台建立的规范化为前提，认为平台参与者只要具备沟通的诚意，在开放和平等的条件下，任何问题均是有解决方案，能够达成共识的[2]。批判者认为使用平台一词本身就不准确，平台意味着平台参与主体间地位应当是平等的，而在多利益相关者平台中，一个不可或缺的重要参与者即政府，其代表着权力。政府权力代表的身份不应当被忽视或者淡化，弱势群体的利益实际仍然受到来自政府权力的压力，无法完全得到保障[3]。多利益相关者平台将会导致弱势群体丧失利益表达的合法性，最终成为政府控制下取得公共资源决策合法性的途径。

笔者认为我国的"嘉兴模式"在"权力—权利"的关系方面，给出了经过实践考量的较好回应，即对公众"赋权"，使公众参与权"权力化"。中国的环境治理过多地依赖政府推动、过分强调公民环境保护义务，致使公众参与流于形式。嘉兴模式中，通过"公众评审员"与"公众

---

[1] Steins Nathalie A, Edwards Victoria M. "Platforms for Collective Action in Multiple-use Common-pool Resources", Vol. 16: 3, *Agriculture and Human Values* (1999): 241-255.

[2] Sultana Parvin, Thompson Paul. "Methods of Consensus Building for Community-based Fisheries Management in Bangladesh and the Mekong Delta", Vol. 82: 3, *Agricultural System* (2004): 327-353.

[3] David Edmunds, Eva Wollenberg. "A Strategic Approach to Multistakeholder Negotiations", Vol. 32: 2, *Development and Change* (2001): 231-253.

点单"等形式,有效避免了上述情况的发生。"公众评审员"制度,使公众能够参与到环境行政决策中,承担环境行政执法责任甚至承担环境法官的职责,提升了公众的参与意识与社会责任感;"公众点单权"改变了传统参与模式下公众的被动地位,促使公众主动参与环境治理,提升公众的参与热情。两种公众参与的新类型均体现了政府将原有权力向公众转授的痕迹与倾向,公众权利被重视并部分"权力化",转变了在政府与公众关系间的绝对的"权力—权利"的对抗模型,两者存在转移的可能并经过实践的检验,故在我国,完全存在构建这样一个多利益相关者平台的可能,我国有能力协调好权力与权利间的关系。

构建一个多利益相关者平台,最为关键的是要确定平台的利益相关者。笔者认为利益相关者应当包括能够影响环境决策的人和环境决策可能影响到的人两大类。其中,政府作为制定和影响环境决策的主体,其主导地位不可动摇。环境利益的普惠性和环境问题的整体性要求政府对于环境问题进行统一调控[1],以国家环境权力为主导的平台建构能够防止公众权利的滥用,引导公众以一种有序、理性、利益平衡的状态输出;环境决策可能影响到的主体范围广泛,包含了基于私益与公益两种目的的参与,通过程序性的参与,力求使政府的环境决策行为更符合自己的利益要求。其次,对于分散的利益相关者加以组织化,通过制度化的运作机制塑造参与者行动上的规范性[2]。嘉兴模式利用"一会三团一中心"的组织结构,将分散的参与者加以组织化,使个体的利益表达和行动纳入组织的框架结构中,并最终以组织的形式加以表现。最后,强化利益激励与政府反馈机制。个体对于公共事务的参与,具有先天的冷漠与惰性,好的制度设计,应当能够激励社会成员在利己基础上实现合作[3]。激励机制一方面可以通过物质加以奖励,另一方面,人的精神满足同样是一种激励,如设立积极

---

[1] 参见周一博:《公众参与的环境保护模式及其启示:以嘉兴模式为例》,《嘉兴学院报》2018年第4期,第51页.

[2] 参见张力伟:《环境协同治理:整合结构、观念与行动:基于"嘉兴模式"的案例分析》,《嘉兴学院报》2018年第2期,第48页.

[3] 参见王小钢:《从行政权力本位到公共利益理念:中国环境法律制度的理念更新》,《中国地质大学学报(社会科学版)》2010年第5期,第43页.

参与环境保护奖，对于积极参与的个人加以宣传，树立环保英雄形象等。同时，政府应及时回馈公众要求，使公众参与获得认同感，提升公众主人翁地位与参与意识。

（二）以"联动化"推动主体间有效互动

有学者指出在环境保护领域的"联动化"指公众多元联合、共同协作，强化环境治理监督[1]。笔者从嘉兴市实践出发，认为"联动化"应至少包括三个方面的内容：其一，需要多元主体参与。参与主体多元是联动化的基本前提，在我国当下的环境治理体系中，多元主体包括了政府、企业、社会组织和公众，这些主体参与环境治理的动机不同，既可以基于环境私益，也可以基于环境公益。其二，虽然主体参与环境治理的动机不同，但是主体联动要求不同主体间必须最终追求一个共同的目的。在当下的中国，党中央从顶层制度设计层面提出了"建设美丽中国""绿水青山就是金山银山"的要求，在主体行动层面，共建美丽中国，共享绿水青山，就是多元主体参与环境治理的共同目标。其三，联动化还要求有配套的制度化运作机制，以此规范多元主体的参与行为，避免各自为政，引发行为混乱。

嘉兴市政府开创了公众参与环境治理的新局面，创造性地运用了"联动化"行动策略。对于联动，笔者认为可以划分为两个层次的联动：一是团体内部的联动；一是不同团体间的联动。嘉兴市在团体内部联动方面，采用了"能人带动"机制。中国传统上是一个能人统治的社会，中国的能人处于既定社会关系网的中心地位，他们能够有效影响团体内部其他成员的态度与行为[2]。嘉兴市充分利用能人效应，以能人带动和引导公众参与环境治理。在具体操作层面，吸收退休的老党员、老干部这些"社会能人"，优秀的企业家、个体创业者这些"经济能人"，还有能够与政府进行有效沟通的"政治能人"，这些能人普遍具有较高的社会声誉和威望、较强的社会关系和行动力，能够在行动中强化和建构公众对其的情感认同

---

[1] 参见林卡、朱浩：《嘉兴市环境治理制度创新及其启示：基于程序正义和公众参与视角》，《湖南农业大学学报（社会科学版）》2016年第4期，第73页.

[2] 参见罗家德、孙瑜：《自组织运作过程中的能人现象》，《中国社会科学》2013年第10期，第88页.

和社会信任，进而推进公众参与的广度与深度。嘉兴市自2011年以来开始实施的"十百千万"计划，即是对能人效应的充分利用。即10名环保骨干作为能人效应的中心，由他们组织和号召公众参与，起到引领作用；100名环保积极分子，保证其能够积极参与环境治理；1 000名环保志愿者，尽力进行一些环保公益活动，由此进行辐射，一个能人带动一群人，以"滚雪球"方式，最后以网络形式向外扩张，形成公众参与环境治理的合力。就不同团体间的联动而言，主要强调政府、企业和社会组织与公众间的联动。不同主体间的联动，不是无序、各自为政的行动，不同主体间的联动必须以政府主导为前提，这也是嘉兴模式成功的关键所在。保证政府的主导地位，不同主体间的行动才会有明确的方向，有统一的运作机制与保障监督机制，才能保障行动的正常运行。同时，在政府主导下，各主体间应当形成理念的共识。政府有必要转变观念，由经济至上向绿色发展理念转变。在中央与地方政府的关系方面，对于地方政府的考核，应改变过去单纯以经济作为绩效考核点的做法，引入绿色绩效考核机制，从人与自然和谐发展、可持续发展方向重构政府施政理念，在新的执政理念指导下，才能有效整合社会力量，共同参与环境治理。绿色发展理念契合了不同主体环境保护的意愿与环境利益，能够消除主体间的认知偏差，共享理念能够降低主体间行动的成本，并能以绿色发展理念协同主体间的行动机制，减少分歧与冲突。

（三）借助绿色供应链管理推动三方协同

对于绿色供应链管理的研究，以1994年Webb提出的绿色采购理念为先导[1]。1996年密歇根州立大学制造研究协会首次提出绿色供应链概念，后国际社会给予了绿色供应链问题以广泛关注。我国对于绿色供应链管理的研究始于21世纪初，随着我国环境问题日益严重，经济增长引发的资源浪费与污染成为政府和公众必须面对和重视的问题，政府改变传统命令控制型环境政策，转而实施经济激励型环境政策。"十三五"规划明确提出

---

[1] Webb Leslie. "Green Purchasing: Forging a new Link in the Supply Chain". vol. 1: 6, *Resource* （1994）: 14-18.

"加快构建绿色供应链产业体系"。引导政府在多元共治的环境治理体系中重视发挥绿色供应链的协同作用，统筹各方主体以绿色供应链为中心，以绿色发展理念为价值导向，各方协同，共同参与到生态文明建设中。

绿色供应链指在供应链管理中，综合考虑环境因素和资源利用效率，融入绿色环保理念，以绿色制造理论和供应链管理技术为基础，目的是使产品的整个生命周期对环境的影响最小，实现企业绿色发展，提升企业核心竞争力[1]。绿色供应链涉及多元主体，需要各方主体相互沟通与交流，协同完成。首先，政府负责政策设计，构建制度基础与相应的保障措施。在以市场对资源配置起基础性作用的同时，政府可以通过出台对于污染企业的税收政策和企业绿色生产的补贴政策、相应的金融政策等，调动企业革新生产技术，进行绿色生产的积极性。此外，政府可以通过加大环境技术的投入，尤其是节能技术的科研研发，将绿色技术成果以优惠的方式向企业推广，以降低企业生产成本，对于超标排放的企业征收污染物排放超标的高额费用，以此增加企业污染排放的成本。对于在本辖区内表现优异的企业，颁发荣誉证书，借此提升企业品牌效应，增强企业信誉度和荣誉感及群众的认同感。政府的激励政策与激励机制，能够有效引导和促进企业朝着绿色生产方向发展，在绿色供应链管理中起到主导作用。其次，企业作为绿色供应链上的核心要素，发挥着重要作用。一方面，企业需结合绿色供应链管理进行内部改革。改变企业以往追求短期利益最大化的做法，从企业发展的角度出发，引进绿色供应链机制。绿色供应链的引入，表面上看企业单纯增加了一项投入。但是，从企业发展角度看，绿色供应链模式能够帮助企业减少购入使用资源的成本，树立企业社会信用等级形象、增加企业产品质量[2]。另一方面，企业有必要建立企业间的协调合作机制。企业要突破狭隘的个体观，树立全局意识，应当意识到绿色供应链的意义在于以环保理念串联起位于链条上的所有企业，让位于链条上各个

[1] 参见沈洪涛，黄楠：《政府、企业与公众：环境共治的经济学分析与机制构建研究》，《暨南学报（哲学社会科学版）》2018年第1期，第24页.
[2] 参见刘莹，王田：《绿色供应链管理：发展进程、国外经验和借鉴启示》，《生态经济》2016年第6期，第141页.

节点的企业均能够承担起企业的社会责任，实现绿色生产。这就要求企业间能够通力合作，在链条上下游间寻找对口企业，构建企业合作交流机制，既能够节约个体企业的生产成本，又能够提升绿色供应链的整体运行效率。最后，公众作为消费者，是绿色供应链上的关键一环。绿色供应链是通过绿色产品连结政府、企业和公众，公众的绿色消费需求对于企业的生产具有重要的导向意义。故在绿色供应链管理中，应以公众绿色消费倒逼企业的绿色生产，加大对公众的环保宣传，出台政策鼓励公众积极参与环境保护与环境治理。对于企业绿色品牌的认证，需以公众参与和公众认可为前提，政府加强引导，以健全的法律法规形式、公开透明的信息公开形式和新媒体等形式，多方位、多角度引导公众改变自身生活习惯，树立绿色消费理念和实施绿色消费行为，进而影响企业进行绿色生产。

第五节　程序性保障机制的完善

一、构建公益诉讼多元启动主体

（一）现有法律对于环境公益诉讼主体规定的不完善

环境公益诉讼旨在保护环境公益，我国现行立法虽未对环境公益诉讼的类型进行划分，但从政策和立法体系所释放出的信息及发展态势分析，我国事实上采用了环境民事公益诉讼与环境行政公益诉讼的二元化划分方法。单从适格原告主体的角度分析，环境公益诉讼以保护公益的目的进行原告主体资格适用规则，与传统保护私益为目的的原告主体资格适用规则间存在不可调和之矛盾。根据《环境保护法》第五十八条的规定，在我国能够提起环境公益诉讼的主体为专门从事环保公益活动的社会组织，《最高人民法院关于审理环境民事公益诉讼案件适用法律若干问题的解释》（以下简称"解释"）第二条对何谓环境公益诉讼原告的社会组织作出了具体界定，即依照法律、法规的规定，在设区的市级以上人民政府民政部门登记的社会团体、民办非企业单位以及基金会等，可以认定为《环境保护法》第五十八条规定的社会组织。同时，在"解释"第四条进一步明确了"专门从事环境保护公益活动"的判断标准，即社会组织章程确定的宗旨和主要业务范围是维护社会公共利益，且从事环境保护公益活动的，可以认定为《环境保护法》第五十八条规定的"专门从事环境保护公益活动"，社会组织提起的诉讼所涉及的社会公共利益，应与其宗旨和业务范围具有关联性。《民事诉讼法》第五十五条规定，对污染环境、侵害众多消费者合法权益等损害社会公共利益的行为，法律规定的机关和有关组织可以向人民法院提起诉讼。2017年修正的《中华人民共和国行政诉讼法》第二十五条，赋予了人民检察院以环境行政公益诉讼的原告主体资格。至此，我国环境公益诉讼中，具有原告主体资格的为法律规定的机关、符合条件的社会组织及人民检察院。在实践中以环境公益诉讼原告主体形式出现的多为从事环保公益活动的社会组织，其他社会主体，包括公民个人、企业或一般政府机构均无权提起环境公益诉讼。

上述法律法规对于环境公益诉讼原告主体资格的规定，虽然较之原有法律对于原告主体资格的规定有所拓宽，但是，实务中对于具有维护环境公益的强烈愿望并愿意承担环境公益诉讼职能的环保公益组织而言，仍然存在诸多限制。一方面，就何谓《环境保护法》规定的专门从事环保公益活动及公益诉讼是否与环保组织的宗旨和业务范围具有关联性，是环保组织能够成为适格主体的首要限定性条件。以中国生物多样性保护与绿色发展基金会（以下简称"绿发会"）提起环境公益诉讼为例，笔者在中国裁判文书网调取了8起"绿发会"于2015年在宁夏回族自治区的环境公益诉讼案件，这8起环境公益诉讼在宁夏回族自治区的处理结果，均是经过两审终审后，以"绿发会"不具备公益诉讼主体资格，裁定对"绿发会"的起诉不予受理。给出的理由均是："绿发会"虽然以维护社会公共利益为其行动的宗旨，但其并未在章程中将"从事环境保护公益活动"加以明确，故不能认定"绿发会"为专门从事环境保护公益活动的社会组织。"绿发会"对上述案件均向最高人民法院申请了再审，最高法从"绿发会"的宗旨和业务范围是否包含维护环境公共利益、是否实际从事环境保护公益活动，以及所维护的环境公共利益是否与其宗旨和业务范围具有关联性三个方面进行重点审查，处理结果为认定"绿发会"具备环境公益诉讼的主体资格。从最高法最终处理结论支持"绿发会"作为环境公益诉讼主体来看，司法实践具有强烈的突破法律规定的限制性条件的愿望。因环境公益的普惠性和共享性，传统私益维护的直接利害关系人缺位，有必要鼓励、引导和规范环保社会组织的环境公益诉讼行为，以实现环境公益诉讼的功能。另一方面，各地区对于法律的理解不同，导致司法实践中对于相同或类似的事项会出现不同的处理结果。以山东省高级人民法院和广东省高级人民法院的裁定为例，山东省高院受理的北京市朝阳区自然之友环境研究所诉荣成伟伯渔业有限公司上诉案件，一审青岛海事法院认为：案争事实系针对破坏海洋渔业水域生态环境提起的公益诉讼。根据《海洋环境保护法》第五条及第八十九条的规定，对于发生在海洋渔业水域生态环境的纠纷，国家渔业行政主管部门有权提起损害赔偿请求，社会组织被排除在有权提起诉讼的主体之外，故认定自然之友研究所不具备主体资格。山东省高院认为案争事实涉及对于海洋生态环境的破坏，此类公益诉讼具有特殊性，根据"特别法优于一般法"的原则，以自然之友研究所不具备主体资格，支持了一审青岛海事法院的审理结果。但在相类似的案件当中，广东省高院却作出了不同的处理结果。广东省高院受理的重庆两江志愿服务发展中心（重庆西江中心）和广东省环境保护基金会（广东环保基金会）诉广东世纪青山镍业有限公司、阳江翌川金属科技有限公司、广东广青金属科技有限公司一案中，一审广东省茂名市中级人民法院认为：重庆两江中心、广东环保基金会针对三被告提起的环境污染责任纠纷公益诉讼所指向的对象是倾倒涉案炉渣堆填滨海滩涂、湿地、红树林，造成红树林毁损、海水污染、滩涂土壤及海底底泥污染，这属于破坏海洋生态的问题。依"特别法优于普通法""特别规定优于一般规定"的原则，对破坏海洋生态问题提起公益诉讼的主体限定为行使海洋环境监督管理权的部门。故认定两原告不具备诉讼主体资格，驳回其起诉。而广东省高院受理上诉案件后，认为世纪青山、阳江翌川、广青科技倾倒涉案炉渣堆填滨海滩涂、湿地、红树林的行为，并不单纯破坏了海洋生态环境，同样破坏了陆地生态环境，故重庆两江中心、广东环保基金会具有作为提起本案公益诉讼的主体资格，指令广东省茂名市中级人民法院审理此案。上述两起案件，案争事实相似，但却产生了两种不同的处理结果，不同处理结果源于不同地区的司法工作者对于法律的不同理解。故为消除此种司法乱象，应以法律形式明确社会组织参与环境公益的具体范围，明确《环境保护法》与相关法律间的位阶关系，理顺法律适用的先后顺序，以更好地发挥环境公益诉讼的功能。

（二）拓宽环境公益诉讼主体资格的有益探索

当今世界各国均设计了符合本国国情的环境公益诉讼制度，纵观两大法系的环境公益诉讼法律制度，发现有关公益诉讼原告资格的规定各不相同，各有千秋。笔者拟选取两大法系典型代表国家美国与德国的环境公益诉讼制度中原告资格的相关规定，进行比较研究，通过对比分析，探索我国环境公益诉讼原告主体资格的有益路径。

美国的环境公益诉讼在世界范围内颇具代表性，发展至今较之其他国家的环境公益诉讼制度相对成熟完善，也成为大多数国家借鉴的对象。1970年的《清洁空气法》是美国环境保护历史中的重大转折点，该法首次引入环境公民诉讼，对美国传统环境治理模式进行根本性变革，以一种新型的诉讼模式对传统诉讼模式进行重构，推动美国环境治理迈向成功之路。该法第三百零四条规定：任何人都可以对污染空气的行为提起诉讼。以此为开端，美国的《濒临物种法》《清洁水法》等均在其公民诉讼条款中仿效《清洁空气法》，就原告主体范围而言采用了"任何人"或"公民"均有权起诉的规定方式。当然，这里的"人"或者"公民"并非没有任何限制性规定的空泛概念，要结合具体的单行法确定其实质内涵，但是总体而言较为宽泛，大体无论个人、企业还是社会团体，均包含在原告的潜在范围内。虽然从原告的范围看，美国公民诉讼的规定不可谓不宽泛，但是，为避免滥诉的发生，美国以宪法和最高法院的判例为基准，对原告资格进行了必要的限制。即公民诉讼的适格原告必须满足宪法第三条规定的三要件：实际损害、因果关系和可救济性，此三项由公民负举证义务。同时，法院在司法实践中一些惯例性规则也对公民诉讼起到了一定的限制性作用，如60日的前置告知程序、政府勤勉执法等。美国的公民诉讼，在原告范围相对宽泛的基础上，并未发生大量滥诉的情况，通过对原告资格的限制性规定及程序性设置，弥补原告范围规定可能造成的实务中的滥诉现象，也没有遏制公民维护环境公益的积极性，与美国环境治理的国家政策和实际情况相符合，推动了美国环境治理的有序发展。作为大陆法系典型代表的德国，在环境公益诉讼方面以团体诉讼为显著特征。按照德国法律传统，环境法属于公法范畴，德国法语境下的团体诉讼指代的是行政诉讼而非民事诉讼，可以比照中国法语境中的环境行政公益诉讼。德国的环境团体诉讼在40余年的立法与司法实践中，经历了从无到有，从基于行政诉讼模式的严格限制到逐渐放宽原告主体资格的变迁历程，对具有相似行政诉讼法制背景的中国具有重要的借鉴意义。德国法上的团体诉讼，包括了利己团体诉讼和利他团体诉讼，其中，利他团体诉讼指社会团体以第三人权益或社会公益遭受侵害为由提起行政诉讼。德国的环境团体诉讼主要指代的是利他型团体诉讼。德国的环境团体诉讼经历了由主观诉讼到客观诉讼的实质性转变，此种法律理念的转变有力地推动了德国的环保社会团体摆脱传统法律的束缚，环保团体的诉讼主体资格不再受限于违法行政或行政不作为中必须存在个人权利，而是被赋予基于环保公共利益提起诉讼的资格。环保团体诉讼主体资格门槛的降低，更有益于实现德国行政诉讼之客观法秩序之维护、公共利益之保护目的。

美国、德国关于公益诉讼主体资格的规定，对我国有重要借鉴意义。对我国环境公益诉讼主体进行梳理发现，我国法律将有权提起环境民事公益诉讼的主体限定为符合条件的社会组织、法律规定的机关和人民检察院。对于环保社会组织，我国与德国均规定了类似的限制性条件，将有权提起环境公益诉讼的环保组织限定在法律允许的范围内。但与美国的公民诉讼相比较，我国环境公益诉讼的原告范围明显过于狭窄。将主体框定在社会组织及法律规定的机关及人民检察院，此为避免司法实践中发生滥诉的可能，但对于环保组织的限制性规定不可谓不严苛。从法律规定分析，对环保组织登记年限、守法情况及组织章程、宗旨和活动范围的限制，似乎是要以此来确认只要符合上述条件的环保组织即会基于公益目的与宗旨，不计得失的与环境损害行为做斗争，甚至去除了必须与案涉争议有利害关系的传统诉讼有关主体资格的必要条件。而现实是，在《环境保护法》正式实施的2015年的一年时间里，符合条件的拥有起诉权的环保社会组织提起的公益诉讼案件仅为38件，与预期的"井喷"现象截然相反，差距巨大。甚至很多在检察院发出公告，督促有关机关或组织提起公益诉讼后，仍然没有环保组织提起诉讼的情况下，只能由人民检察院作为环境民事公益诉讼的原告，提起环境民事公益诉讼。与之形成强烈反差的是，许多环境污染行为仍然在进行，没有进入司法程序，遭受环境污染实际损害具有强烈诉讼请求的公民却被拒绝于诉讼门外。对此，笔者建议适当放宽环境民事公益诉讼主体资格，当然，此种放宽并非无任何限制性条件的放宽，为避免司法人士担心的滥诉可能，环境公益诉讼的主体资格不必要放宽至公民个体，但是，可以赋予公民以代表人形式提起诉讼的权利。以集团诉讼方式救济实际利益遭受环境污染行为破坏的公民，同时，居民委员会也应享有原告主体资格。因为环境污染行为实际侵害的对象，往往表现为特定区域的人与特定团体，这些区域的人与团体能够结成利益同盟，而以实际侵害为条件，也避免了滥诉的可能。

对于环境行政公益诉讼而言，通过立法和司法解释，我国已经建立了人民检察院提起环境行政公益诉讼的法律制度。检察机关职务行为过程中，发现负有环境保护及监管职能的行政机关违法行政或行政不作为，侵害了环境公共利益时，有权提起环境公益诉讼。基于权利法定，在我国，目前仅人民检察院享有提起环境行政公益诉讼的权利，其他主体不具备主体资格。但是，检察院提起环境公益诉讼具有天然的局限性。司法实践也表明，检察院在行使该项权利时存在懈怠。实践中，往往是公民个人以提起行政诉讼的方式，对于行政机关在履行环境监管职责时的违法行政及行政不作为提起诉讼，而此种诉讼的结果很遗憾的是，均以行政裁定的方式，认定主体不适格，驳回起诉。法院通常认为只有当公民、法人或者其他组织自己的合法权益受到行政行为的侵犯时，其才与该行政行为具有利害关系，从而具备行政诉讼的原告资格。判断是否属于公民、法人或者其他组织自己的合法权益，主要看法律规范的保护目的是保护个别利益，还是保护公共利益。如果法律规范的保护目的是个别利益，或者不仅保护公共利益，同时也保护个别利益，则公民、法人或者其他组织享有诉权；如果法律规范的保护目的仅在于公共利益，即使公民、法人或者其他组织能够从行政机关的作为或不作为中获得事实上的利益，但这种利益是权利的反射，而不是法律规范对个别利益的特别保护，故公民、法人或者其他组织不能基于这种反射性利益享有诉权。反观德国法，环保团体是有权提起环境行政公益诉讼的，我国在环境行政公益诉讼领域，可以借鉴德国法的规定，放宽原告资格，除人民检察院外，赋予环保社会团体以提起环境行政公益诉讼的资格，以期更为有效的保障环境公益。

二、程序性保障机制设计

（一）起诉激励机制与滥诉避免之平衡

环境公益诉讼以维护环境公益，保护环境为终极目的，因其以实现公益为目的，排除私益，故与其他公益事务一样，面临着"搭便车""外部性"等集体行动困境，行之有效的起诉激励机制是环境公益诉讼所要解决的首要问题。如何激励起诉，使满足条件的社会主体愿意为了全体社会成员共享的环境利益而支出个人成本，同时，如何保证符合条件的主体所提起的公益诉讼均是切实以保护环境为目的，而不至于产生滥诉、恶诉等无意义之诉[1]，这些均是公众参与环境司法过程中所必须解决和化解的制度问题。

首先，环境公益诉讼的有序进行需要稳定的资金保障，故有必要设立环境公益诉讼专项基金，以激励适格主体提起环境公益诉讼。目前，在我国大部分环境公益诉讼均是由环保社会组织提起的，这些公益诉讼具有一些共通性：涉案的诉争标的额巨大，导致高额的诉讼费用；大部分环境保护案件需要对环境污染致损进行评估鉴定，费用高昂；国内多数环保组织自身无固定经费来源，提起诉讼无稳定经费支持。可见，环境公益诉讼

---

[1] 参见巩固：《大同小异抑或貌合神离？中美环境公益诉讼比较研究》，《比较法研究》2017年第2期，第113页.

的开展耗资巨大，仅由环保社会组织自身承担由此产生的各种费用，不利于调动环保社会组织的积极性，而从公益诉讼的性质来看，公众通过诉讼途径对于环境公共利益的维护，实际是承担了本应由国家承担的责任，国家有义务和责任为公众提起环境公益诉讼提供鼓励和支持。环境公益诉讼专项基金，可以为公益诉讼的正常运转提供资金支持。从基金的来源来看，因诉讼的公益性质，因此基金来源可尽量放宽，一方面，从私人主体角度分析，凡是热衷于公益事业，自愿投身环保公益事业的，只要资金来源合法，无论是本国人还是外国人，本国企业还是外国法人，均可捐助环境公益诉讼；另一方面，从国家角度分析，国家的公益收入来源，可以分流至环境公益诉讼，如中国福利彩票等福利事业收入，同时，因环境污染行为导致的环境公益诉讼，往往国家会对污染企业适用惩罚性赔偿措施，而惩罚性赔偿较之实际损害要高，故可以适当从惩罚性赔偿金中提取一定比例，存入环境公益诉讼专项基金。从基金的使用来看，应明确环保社会组织申请环境公益诉讼专项基金的申请和审核程序。针对不同地区、不同类型的环境污染行为设定不同的申请额度，申请及审核程序应做到公开透明，对于符合条件的环保组织应确保专款专用。从基金的监督使用情况看，应建立基金追踪评估机制。定期对基金使用情况进行信息公开，接受公众监督，省级以上环境主管部门应设立专门基金监管办公室，对基金运行情况进行定期审计监督，确保基金合理使用。其次，突破现有法律桎梏，建立环境公益诉讼法律援助制度。环境污染行为具有原因行为复杂性高、专业化程度强、影响范围广等特点，导致环境公益诉讼难度较之其他诉讼要高。面对环境污染领域的专业术语与专业知识，及具有普遍强大背景的被告污染企业，环保组织的弱势地位明显，需要国家提供司法救济的倾斜机制，以实现司法正义。根据2003年《法律援助条例》的规定，目前我国仅律师负有法律援助的义务，且针对的对象仅限于贫困的当事人。此种规定，极大地遏制了公众参与环境公益诉讼。笔者认为有必要建立环境公益诉讼法律援助制度，一方面，法律援助针对的对象不应局限于贫困的当事人，因为环境污染行为针对的对象不一定都是贫困的，只要是基于环境保护公益目的提起的诉讼，原告都应当纳入法律援助的对象；另一方面，此处的法律援助应做广义理解，提供援助的主体不应局限于律师，只要是在公益诉讼程序中涉及到的需要对原告提供特殊帮助的，均应纳入法律援助的范畴。如在确定污染事实、致害原因时需要环境领域的专家、学者提供援助；在对损害结果进行评估鉴定时，需要专门从事环境污染评估鉴定方面的专家机构提供援助等。《法律援助条例》第十条第二款实质上也为环境公益诉讼提供了法律援助的契机，赋予了省级以上人民政府对于法律援助事项的补充规定的权限。环境公益诉讼法律援助机制的有效成立与运行，能够为各界社会精英参与环境公益诉讼提供平台，也能有力推动公众参与环境公益诉讼，最终实现环境善治。再次，实施诉讼费用减免与原告胜诉奖励机制。根据我国法律规定，诉讼费用采取原告预交制度，依据诉讼费用计算方法，环境公益诉讼的诉讼费用将是一笔巨额支出，这也是让原告望而却步的主要原因之一。为激发环境公益诉讼主体起诉热情，减少起诉障碍，有必要建立诉讼费用减免机制与胜诉原告奖励机制。在诉讼费用承担方面，我国《最高人民法院关于审理环境民事公益诉讼案件适用法律若干问题的解释》中，实质上已经对原告作出了倾斜性规定。如只允许原告请求诉讼费减免，对原告甚至"败诉原告"也可以减免诉讼费。实际上，我国环境公益诉讼起诉的主体可以分为两大类，一类是以人民检察院为代表的国家机关，此类主体为原告起诉时，如胜诉则可由被告承担诉讼费用，如败诉，也可由国家财政予以划拨款项；另一类为环保社会组织，当该类主体作为原告起诉时，是需要国家给予更多政策扶持的。不同的主体可以采取不同的诉讼费用承担规则与制度，对于环保组织可以以法律形式明确规定暂缓预交诉讼费用，对于原告败诉的，可以由环保基金或国家共同分担诉讼费用。同时，为激励公众积极参与环境公益诉讼，可仿效美国为获胜的原告给予一定物质奖励，最为典型的利益驱动机制即"公私共分罚款"。对于被告因败诉缴纳的惩罚性赔偿金，赋予原告与国家分享的权利，以此鼓励更多的公众参与到环境公益诉讼中。最后，上述起诉激励机制的设立，是为了激发公众参与生态环境保护的主动性与积极性，但是，为维护生态利益而行使诉权的行为应当是正当的、善意的，公益诉权不应当被恶意行使，不应当被滥用，公益诉权应当依法行使。司法资源是最能体现国家权威性的资源，同时，也是最为稀缺的资源。为充分节约和最大限度的有效利用司法资源，避免公益诉权被滥用，环境公益诉讼制度的设计必须考虑一些限制诉权被滥用的程序性规定。如诉前告知程序，许多国家和地区的法律，在规定公益诉讼的同时也规定了诉前的告知程序，原告在起诉前，负有告知污染企业停止污染侵害行为采取补救措施，或告知行政机关为或不为一定行政行为的义务，只有在告知期限届满后，被告知的义务主体未按告知履行义务，原告才可以向法院起诉。此种诉前过滤机制的设置，一方面是对行政机关行政执法权的尊重，同时，也是节约司法资源的体现。

（二）纠偏错位的"程序先行"

我国现行因环境纠纷引发的司法救济，相关法律部门间未形成有效沟通与对话，故存在对于环境公益与私益分别救济的司法救济进路。对因环境问题导致的公益与私益分离式救济方法，更多地强调了公益与私益诉讼程序的差异，而忽略了基础环境侵害事实的同一性、案件事实认定与法律适用间的牵连性。分离式救济，极易导致不同类型诉讼程序间的适用混乱，对基于同一环境侵害事实的不同的裁判也会引发不同程序间衔接的矛盾，致使诉讼效率低下。为提高司法审判效率，避免司法资源浪费，截至2018年，我国已有15家高级人民法院实现了环境资源类案件"二合一"（民事、行政案件）、"三合一"（民事、刑事、行政案件）或"三加一"（民事、刑事、行政案件及环境案件执行）的归口式审理。同时，各地也在探索环境公益诉讼的集中管辖模式。陕西高院指定西安铁路运输两级法院集中管辖西安、安康两市环境资源案件；湖北省内长江干线和支线水域污染，由武汉海事法院管辖；2018年10月，最高人民法院发布《关于为长江经济带发展提供司法服务和保障的意见》，推动长江经济带11省市及青海省高级法院共同签订《长江经济带11+1省市高级人民法院环境资源审判协作框架协议》，探索建立长江流域水资源环境公益诉讼集中管辖制度。上述审判模式与管辖制度的有益探索，是环境审判专门组织依托三大诉讼法进行的，专门的环境审判制度实际上是"缺位"的，这与环境审判组织设置与审判程序的"超前"形成了鲜明的对比，此种错位显而易见。

在以"审判为中心"的诉讼制度改革背景下，应立足生态环境损害案件的独立性与特殊性，以环境诉讼特别程序保障环境专门审判活动的顺利进行。这其中，关乎公众责任追究者地位的程序性设计，一方面，环境损害事实的评估与判断，具有极强的专业性，倘若单纯从法律角度进行责任承担的判断，其判断标准难以实现公平合理，立法可在环境诉讼特别程序的设置中引入专家陪审制，或参照专家辅助人机制较好地应对法律评价标准不确定的问题[1]。江苏省常州市中级人民法院在常州市环境公益协会诉储卫清、常州博世尔物资再生利用有限公司等土壤污染民事公益诉讼案中，作出了有益尝试，引入了环境保护专家作为人民陪审员，并在案件审理过程中充分尊重人民陪审员的意见及保障人民陪审员的权利。环境侵权作为一种特殊侵权，从成因及表象上都极为复杂，单纯依靠受害人及法官的力量难以证成损害行为与结果间的因果关系及具体的损害赔偿数额；因此专业的环境保护领域的专家或鉴定机构出具的鉴定结论或审判意见，以其专业性、合法性和科学性的特征，能够克服受害人及法官无法逾越的障碍；而作为中立的第三方的代表，其意见也更能够为双方当事人所接受和认可，从而有效提升审判效率。常州市中级人民法院不仅在审判过程中引入环境保护专家作为人民陪审员，更在审理过程中，为确定环境污染损害价值，制定环境修复方案，同时为鼓励环境污染所在地群众在判决生效后能够积极配合环境修复，要求第三方出具了三套生态修复方案，将三套修复方案在污染所在地予以公示，并现场以问卷形式征求公众意见，最终以公众意见作为重要参考并结合案情确定了生态修复方案。环境案件审理的专业性体现为由环境领域的专家和法官共同参与案件的审理，既能由专业性与科学性保证司法的公正与公平，又可以通过环境司法专门化扩大公众参与环境司法的途径，实现环境治理的法治化。另一方面，以法律形式明确跨区域集中管辖规则。环境案件的管辖应打破行政区域的划分，建立与行政区划适当分离的环境案件专属管辖机制。目前我国大部分环境公益诉

---

[1] 参见李义松, 霍玉静, 刘铮:《环境公益诉讼专门性问题解决机制的实证分析》,《环境保护》2017年第24期, 第39-43页.

讼案件，是以依法成立的环保社会组织作为原告提起的，而环保社会组织在成立过程中，受限于自身业务范围和活动区域，对于超出其业务活动范围及活动区域的环境公益案件，将因丧失诉讼主体资格而无法提起公益诉讼。立法应着眼于生态损害的扩散性特点，为更好地实现环境公益诉讼功能，打破传统程序法上地域管辖的限制，构建环境公益诉讼跨区域集中管辖的规则。

结　论

　　公众参与问题近来在我国蓬勃兴起，已经成为理论研究无法回避的热点问题。对环境治理过程中的公众参与权在我国当下的运行状况进行一个理性的反思，发现该项权利的实际运行状态与权利的原初功能设定相去甚远，尤其是在党中央提出构建多元共治环境治理体系后，如何结合时代特征，立足于不同主体，从多元主体各自价值定位出发，促进公众有效参与环境治理，更加具有理论和实践的重要意义。

　　基于此学术关怀，本文先从公众参与权的权利属性着手进行分析，明确公众参与的权利属性为立论基础，从多学科角度为公众参与权提供理论支撑，并结合实际，分析公众参与权的现实根基。进而依托公众参与权，分别对权利主体、权利内容、权利的行使及权利的实现展开论述。各个章节间是层级递进的关系。在对公众参与权的主体进行分析时，着重论述政府和企业的角色定位，其既是公众参与权的义务主体，负有信息公开等保证公众参与权实现的义务，同时，又是环境治理的主体，享有实现自身环境利益的各项权利，整合政府与企业的权利与义务，才能准确对政府与企业在环境治理中进行角色定位，才能真正发挥不同主体在环境治理中的作用。公众参与权的内容具体包含环境知情权、环境决策参与权、环境表达权和环境监督权，四项子权利相辅相成，共同支撑公众参与权的运行。公众参与权在实际中的运行样态与权利的原初功能设定差距明显，有必要寻找造成此种差距的症结所在，以破解公众参与权的实现困境。打通政府自上而下和公众自下而上两条参与渠道，以确保主体间能够实现有效互动，此为各种法律制度安排的出发点。结合不同参与主体的特点，匹配不同的制度设计，力求搭建权利主体与义务主体间平等协商交流的平台，推动主体间的双向互动。同时，注重程序性保障机制的设计，以此化解公众参与权的实现困境。

至此，本文的研究进入尾声。以多元治理主体为维度，从不同主体出发探讨如何促进公众参与权的实现，并进一步探讨如何以合力推动公众参与权的实现，是本文的创新与理论价值所在。但必须予以承认的是，本文虽以全新的视角，结合时代特征对公众参与权进行了深入研究，但是囿于学识和功力有限，从理论证成和学术深度方面还有待完善，需要进一步研究。

环境本身是一种资源，而且是具有不可再生性和稀缺性的资源。对此种资源的利用，与经济增长间存在着冲突与竞争。环境法即是研究如何在环境资源与经济增长间，实现环境资源的最优配置。此种资源配置的最优，必须借助社会合力，尤其需要依靠公众力量，以公众参与权为切入点，通过公众的有效参与，才能最终实现国家环境治理现代化，提升国家环境治理能力和水平。

参考文献

一、中文文献

(一) 中文著作

[1] 艾伯特·O.赫希曼. 转变参与: 私人利益与公共行动 [M]. 李增刚, 译. 上海: 上海人民出版社, 2018.

[2] 埃莉诺·奥斯特罗姆. 公共事务的治理之道: 集体行动制度的演讲 [M]. 余逊达, 陈旭东, 译. 上海: 上海译文出版社, 2012.

[3] 博登海默. 法理学: 法律哲学与法律方法 [M]. 邓正来, 译. 北京: 中国政法大学出版社, 1998.

[4] 彼得·伯克, 格洛丽亚·赫尔方. 环境经济学 [M]. 吴江, 贾蕾, 译. 北京: 中国人民大学出版社, 2013.

[5] 本杰明·N·卡多佐. 法律科学的悖论 [M]. 劳东燕, 译. 北京: 北京大学出版社, 2016.

[6] 彼得·S·温茨. 环境正义论 [M]. 朱丹琼, 宋玉波, 译. 上海: 上海人民出版社, 2007.

[7] 布坎南. 同意的计算: 立宪民主的逻辑基础 [M]. 陈光金, 译. 上海: 上海人民出版社, 2014.

[8] 蔡定剑. 公众参与: 风险社会的制度建设 [M]. 北京: 法律出版社, 2009.

[9] 蔡定剑. 公众参与: 欧洲的制度和经验 [M]. 北京: 法律出版社, 2009.

[10] 陈慈阳. 环境法总论 [M]. 北京: 中国政法大学出版社, 2003.

[11] 陈海嵩. 解释论视角下的环境法研究 [M]. 北京: 法律出版社, 2016.

[12] 常纪文. 环境法前沿问题: 历史梳理与发展探究 [M]. 北京: 中国政法大

学出版社, 2011.

[13] 陈泉生. 环境法哲学 [M]. 北京: 中国法制出版社, 2012.

[14] 蔡守秋. 调整论: 对主流法理学的反思与补充 [M]. 北京: 高等教育出版社, 2003.

[15] 崔浩. 环境保护公众参与理论与实践研究 [M]. 北京: 中国书籍出版社, 2017.

[16] 菲利普·黑克. 利益法学 [M]. 傅广宇, 译. 北京: 商务印书馆, 2016.

[17] 巩固. 环境伦理学的法学批判: 对中国环境法学研究路径的思考 [M]. 北京: 法律出版社, 2015.

[18] 古斯塔夫·拉德布鲁赫. 法哲学 [M]. 王朴, 译. 北京: 法律出版社, 2013.

[19] 汉密尔顿, 杰伊, 麦迪逊. 联邦党人文集 [M]. 程逢如, 在汉, 舒逊, 译. 北京: 商务印书馆, 2015.

[20] 霍布豪斯. 自由主义 [M]. 朱曾汶, 译. 北京: 商务印书馆, 2013.

[21] 何海波. 法学论文写作 [M]. 北京: 北京大学出版社, 2014.

[22] 哈特. 法律的概念 [M]. 第二版. 许家馨, 李冠宜, 译. 北京: 法律出版社, 2011.

[23] 何勤华. 法治社会 [M]. 北京: 社会科学文献出版社, 2016.

[24] 胡静. 环境法的正当性与制度选择 [M]. 北京: 知识产权出版社, 2008.

[25] 柯坚. 环境法的生态实践理性原理 [M]. 北京: 中国社会科学出版社, 2012.

[26] 卡尔·施米特. 合法性与正当性 [M]. 冯克利, 李秋零, 朱雁冰, 译. 上海: 上海人民出版社, 2014.

[27] 卡罗尔·佩特曼. 参与和民主理论 [M]. 陈尧, 译. 上海: 上海人民出版社, 2006.

[28] 克里斯托弗·司徒博. 环境与发展: 一种社会伦理学的考量 [M]. 邓安庆, 译. 北京: 人民出版社, 2008.

[29] 鲁道夫·冯·耶林. 为权利而斗争 [M]. 胡宝海, 译. 北京: 中国法制出版社, 2004 年.

[30] 罗斯科·庞德. 法律史解释 [M]. 邓正来, 译. 北京: 商务印书馆, 2013.

[31] 罗斯科·庞德. 通过法律的社会控制 [M]. 沈宗灵, 译. 北京: 商务印书馆, 2013.

[32] 洛克. 政府论 (下篇) [M]. 叶启芳, 瞿菊农, 译. 北京: 商务印书馆, 2015.

[33] 林卡, 吕浩然. 环境保护公众参与的国际经验 [M]. 北京: 中国环境出版社, 2015.

[34] 吕忠梅. 中华人民共和国环境保护法释义 [M]. 北京: 中国计划出版社, 2014.

[35] 吕忠梅. 环境法学原理 [M]. 上海: 复旦大学出版社, 2017.

[36] 吕忠梅. 超越与保守: 可持续发展视野下的环境法创新 [M]. 北京: 法律出版社, 2003.

[37] 李艳芳. 公众参与环境影响评价制度研究 [M]. 北京: 中国人民大学出版社, 2004.

[38] 马克斯·韦伯. 社会科学方法论 [M]. 韩水法, 莫茜, 译. 北京: 商务印书馆, 2015.

[39] 孟德斯鸠. 论法的精神 [M]. 许明龙, 译. 北京: 商务印书馆, 2012.

[40] 屈振辉. 伦理学视域中的现代环境法 [M]. 长沙: 中南大学出版社, 2015.

[41] 冉冉. 中国地方环境政治: 政策与执行之间的距离 [M]. 北京: 中央编译出版社, 2015.

[42] 唐纳德·沃斯特. 自然的经济体系: 生态思想史 [M]. 侯文蕙, 译. 北京: 商务印书馆, 1999.

[43] 汪劲. 环境法治的中国路径: 反思与探索 [M]. 北京: 中国环境出版社, 2011.

[44] 汪劲. 环境正义: 丧钟为谁而鸣 [M]. 北京: 北京大学出版社, 2006.

[45] 王文革. 环境知情权保护立法研究 [M]. 北京: 中国法制出版社, 2012.

[46] 王彬辉. 加拿大环境法律实施机制研究 [M]. 北京: 中国人民大学出版社, 2014.

[47] 乌尔里希·克卢格. 法律逻辑 [M]. 雷磊, 译. 北京: 法律出版社, 2015.

[48] 休谟. 人性论 (上册) [M]. 关文运, 译. 北京: 商务印书馆, 2015.

[49] 约翰·克莱顿·托马斯. 公共决策中的公民参与: 公共管理者的新技能与

新策略[M]. 孙柏琪, 译. 北京: 中国人民大学出版社, 2005.

[50]尤金·奥德姆. 生态学: 科学与社会之间的桥梁[M]. 何文珊, 译. 北京: 高等教育出版社, 2017.

[51]约翰·密尔. 论自由[M]. 许宝骙, 译. 北京: 商务印书馆, 2014.

[52]杨志峰, 刘静玲, 等. 环境科学概论[M]. 第二版. 北京: 高等教育出版社, 2010.

[53]约瑟夫·L. 萨克斯. 保卫环境: 公民诉讼战略. 王小钢, 译. 北京: 中国政法大学出版社, 2011.

[54]钟其, 虞伟, 编译. 中外环境公共治理比较研究. 北京: 中国环境出版社, 2015.

[55]周珂, 谭柏平, 欧阳杉. 环境法[M]. 第五版. 北京: 中国人民大学出版社. 2016.

[56]张文显. 法理学[M]. 第四版. 北京: 高等教育出版社, 北京大学出版社, 2011.

[57]朱谦. 公众环境保护的权利构造[M]. 北京: 知识产权出版社, 2008.

(二)中文期刊

[58]蔡守秋. 公众共用物的治理模式[J]. 现代法学, 2017(3).

[59]蔡守秋. 环境公平与环境民主: 三论环境资源法学的基本理念[J]. 河海大学学报(哲学社会科学版), 2005(3).

[60]蔡守秋. 环境权实践与理论的新发展[J]. 学术月刊, 2018(11).

[61]蔡守秋. 确认环境权, 夯实环境法治基础[J]. 环境保护, 2013(16).

[62]蔡定剑. 中国公众参与的问题与前景[J]. 民主与法治, 2010(5).

[63]陈泉生. 环境权之辨析[J]. 中国法学, 1997(2).

[64]陈泉生. 环境时代与宪法环境权的创设[J]. 福州大学学报(哲学社会科学版), 2001(4).

[65]陈海嵩. 环境法学方法论研究的回顾与反思[J]. 中国地质大学学报(社会科学版), 2008(4).

[66]陈海嵩. 论环境信息公开的范围[J]. 河北法学, 2011(11).

[67]常纪文. 环境立法应如何给公众参与下定义?[J]. 中国环境报, 2014(2).

[68] 陈晓勤. 邻避问题中的利益失衡及其治理 [J]. 法学杂志, 2016(12).

[69] 陈勇军, 郭彩琴. 公众参与视角下邻避冲突的预防治理机制研究 [J]. 领导科学论坛, 2019(19).

[70] 陈卫东. 司法 "去地方化": 司法体制改革的逻辑、挑战及其应对 [J]. 环球法律评论, 2014(1).

[71] 崔涤尘, 郝旭东. 基于利益相关者理论对环评公众参与方法的研究 [J]. 环境保护科学, 2015(6).

[72] 杜宴林, 张文显. 后现代方法与法学研究范式的转向 [J]. 吉林大学社会科学学报, 2001(3).

[73] 董兴佩. 法益: 法律的中心问题 [J]. 北方法学, 2008(3).

[74] 杜辉. 论环境私主体治理的法治进路与制度建构 [J]. 华东政法大学学报, 2016(2).

[75] 杜辉. 论制度逻辑框架下环境治理模式之转换 [J]. 法商研究, 2013(1).

[76] 杜辉. 面向共治格局的法治形态及其展开 [J]. 法学研究, 2019(4).

[77] 方洪庆. 公众参与环境管理的意义和途径 [J]. 环境保护, 2000(12).

[78] 范海玉. 论我国政府环境信息公开问责制度: 基于公众参与外部问责模式的视角 [J]. 法学杂志, 2013(10).

[79] 丰月, 冯铁拴. 管制、共治与组合: 环境政策工具新思考 [J]. 中国石油大学学报 (社会科学版), 2018(4).

[80] 高鸿钧. 现代法治的困境及其出路 [J]. 法学研究, 2003(2).

[81] 费迪, 王诗宗. 中国社会组织独立性与自主性的关系探究: 基于浙江的经验 [J]. 中共浙江省委党校学报, 2014(1).

[82] 高金龙, 徐丽媛. 中外公众参与环境保护的立法比较 [J]. 江西社会科学, 2004(3).

[83] 高勇. 参与行为与政府信任的关系模式研究 [J]. 社会学研究, 2014(5).

[84] 郭红燕. 加快建立健全环境治理全民行动体系 [J]. 环境, 2020(4).

[85] 郭武. 论中国第二代环境法的形成和发展趋势 [J]. 法商研究, 2017(1).

[86] 龚文娟, 方秦华. 重化工项目环境风险评价与公众风险接纳研究 [J]. 中国地质大学学报 (社会科学版), 2017(1).

[87] 巩固. 激励理论与环境法研究的实践转向[J]. 郑州大学学报(哲学社会科学版), 2016(4).

[88] 巩固. 大同小异抑或貌合神离?中美环境公益诉讼比较研究[J]. 比较法研究, 2017(2).

[89] 巩固. 美国环境公民诉讼之起诉限制及其启示[J]. 法商研究, 2017(5).

[90] 胡乙, 赵惊涛. "互联网+"视域下环境保护公众参与平台建构问题研究[J]. 法学杂志, 2017(4).

[91] 胡中华. 环境正义视域下的公众参与[J]. 华中科技大学学报(社会科学版), 2011(4).

[92] 胡铭, 张健. 法治中国建设中的公众参与: 从"自上而下"到"双向互动"[J]. 观察与思考, 2014(4).

[93] 胡伟希. 经济哲学: 从"理性经济人"到"理性生态人"[J]. 学术月刊, 1997(5).

[94] 胡晓地. 治理现代化视角下的维稳[J]. 理论观察, 2015(2).

[95] 胡荣. 农民上访与政治信任的流失[J]. 社会学研究, 2007(3).

[96] 黄桂琴. 论环境保护的公众参与[J]. 河北法学, 2004(1).

[97] 郝瑞彬, 范金玲. 我国政府环境信息公开问题研究[J]. 唐山师范学院学报, 2007(1).

[98] 江珂. 我国环境规制的历史、制度演进及改进方向[J]. 改革与战略, 2010(6).

[99] 蒋红彬、方慧. 浅论环境法中的公众参与权[J]. 经济与社会发展, 2008(6).

[100] 柯坚, 吴隽雅. 环境公私协作: 契约行政理路与司法救济进路[J]. 重庆大学学报(社会科学版), 2017(2).

[101] 柯坚. 中国环境与资源保护法体系的若干基本问题: 系统论方法的分析与检视[J]. 重庆大学学报(社会科学版), 2012(1).

[102] 柯坚. 当代环境问题的法律回应: 从部门性反应、部门化应对到跨部门协同的演进[J]. 中国地质大学学报(社会科学版), 2011(5).

[103] 李艳芳, 金铭. 风险预防原则在我国环境法领域的有限适用研究[J]. 河

北法学, 2015(1).

[104] 李艳芳. 公众参与环境保护的法律制度建设：以非政府组织（NGO）为中心[J]. 浙江社会科学, 2004(2).

[105] 李艳芳. 环境权若干问题探究[J]. 法律科学（西北政法学院学报）, 1994(6).

[106] 李艳芳. 论环境权及其与生存权和发展权的关系[J]. 中国人民大学学报, 2000(5).

[107] 李启家. 环境法领域利益冲突的识别与衡平[J]. 法学评论, 2015(6).

[108] 李砚忠. 政府信任：一个值得关注的政治学问题[J]. 中国党政干部论坛, 2007(4).

[109] 刘红梅, 王克强, 郑策. 公众参与环境保护研究综述[J]. 甘肃社会科学, 2006(4).

[110] 刘卫先. 环境法学中的环境利益：识别、本质及其意义[J]. 法学评论, 2016(3).

[111] 刘权. 目的正当性与比例原则的重构[J]. 中国法学, 2014(4).

[112] 罗俊杰, 成凤明. 论我国环境保护公众参与法律机制的完善[J]. 湘潭大学学报（哲学社会科学版）, 2015(5).

[113] 刘友宾. 推动公众参与生态环境社会治理促进生态环境治理体系和治理能力现代化[J]. 环境与可持续发展, 2020(1).

[114] 吕忠梅, 刘超. 环境权的法律论证：从阿列克西法律论证理论对环境权基本属性的考察[J]. 法学评论, 2008(2).

[115] 吕忠梅. 建立实体性与程序性统一的公众参与制度[J]. 中国环境报, 2015(2).

[116] 吕忠梅. 论公民环境权[J]. 法学研究, 1995(6).

[117] 吕忠梅. 再论公民环境权[J]. 法学研究, 2000(6).

[118] 梅献忠. 论利益衡量思想与环境法的理念[J]. 政法学刊, 2007(4).

[119] 马进. 公众参与环境保护法律制度研究[J]. 人大研究, 2012(12).

[120] 倪秋菊, 倪星. 政府官员的"经济人"角色及其行为模式分析[J]. 武汉大学学报（哲学社会科学版）, 2004(2).

[121]彭峰.中国环境法公众参与机制研究[J].政治与法律,2009(7).

[122]秦天宝.法治视野下环境多元共治的功能定位[J].环境与可持续发展,2019(1).

[123]秦天宝,段帷帷.我国环境治理体系的新发展:从单维治理到多元共治[J].中国生态文明,2015(4).

[124]秦小建.论公民监督权的规范建构[J].政治与法律,2016(5).

[125]秦鹏,唐道鸿,田亦尧.环境治理公众参与的主体困境与制度回应[J].重庆大学学报(社会科学版),2016(4).

[126]秦鹏.环境公民身份:形成逻辑、理论意蕴与法治价值[J].法学评论,2012(3).

[127]祁玲玲,孔卫拿.环境信访的政治压力与缓解方略[J].环境保护,2013(14).

[128]钱锦宇.信息公开、制度安排与责任政府的建设[J].哈尔滨工业大学学报(社会科学版),2013(5).

[129]任丙强.西方国家公众环境参与的途径及其比较[J].东北师大学报,2010(5).

[130]史玉成.论环境保护公众参与的价值目标与制度构建[J].法学家,2005(1).

[131]史玉成.环境公益诉讼制度构建若干问题探析[J].现代法学,2004(3).

[132]史玉成.环境保护公众参与的现实基础与制度生成要素:对完善我国环境保护公众参与法律制度的思考[J].兰州大学学报(社会科学版),2008(1).

[133]施琮仁.不同媒体平台对公众参与科学决策能力之影响:以奈米科技为例[J].新闻学研究,2015(7).

[134]钭晓东.论环境法的利益调整功能[J].法学评论,2009(6).

[135]陶蕴芳.网络社会中群体政治认同机制的发生与引导[J].中州学刊,2012(1).

[136]唐澍敏.论公众参与环境保护制度[J].湖南省政法管理干部学院学报,2001(6).

[137] 田晨. 美国环境公民诉讼: 自上而下推动 [J]. 世界环境, 2006 (6).

[138] 王灿发. 中国环境执法困境及破解 [J]. 世界环境, 2010 (2).

[139] 王灿发. 论生态文明建设法律保障体系的构建 [J]. 中国法学, 2014 (3).

[140] 王灿发. 中国环境公益诉讼的主体及其争议 [J]. 国家检察官学院学报, 2010 (3).

[141] 王彬辉. 新《环境保护法》"公众参与"条款有效实施的路径选择: 以加拿大经验为借鉴 [J]. 法商研究, 2014 (4).

[142] 王小钢. 以环境公共利益为保护目标的环境权利理论: 从"环境损害"到"对环境本身的损害"[J]. 法制与社会发展, 2011 (2).

[143] 王小钢. 近 25 年来的中国公民环境权理论述评 [J]. 中国地质大学学报 (社会科学版), 2007 (4).

[144] 王小钢. 揭开环境权的面纱: 环境权的复合性 [J]. 东南学术, 2007 (3).

[145] 王小钢. 对"环境立法目的二元论"的反思: 试论当前中国复杂社会背景下环境立法的目的 [J]. 中国地质大学学报 (社会科学版), 2008 (4).

[146] 王锡锌. 公众参与: 参与式民主的理论想象及制度实践 [J]. 政治与法律, 2008 (6).

[147] 王锡锌. 滥用知情权的逻辑及展开 [J]. 法学研究, 2017 (6).

[148] 王树义. 环境治理是国家治理的重要内容 [J]. 法制与社会发展, 2014 (5).

[149] 王树义, 蔡文灿. 论我国环境治理的权力结构 [J]. 法制与社会发展, 2016 (3).

[151] 王曦. 环保主体互动法制保障论 [J]. 上海交通大学学报 (哲学社会科学版), 2012 (1).

[152] 王曦, 谢海波. 美国政府环境保护公众参与政策的经验及建议 [J]. 环境保护, 2014 (9).

[153] 王曦. 环保主体互动法制保障论 [J]. 上海交通大学学报 (哲学社会科学版), 2012 (1).

[154] 王丽. 公众参与背景下治理现代化能力提升 [J]. 人民论坛, 2016 (5).

[155] 王清军. 自我规制与环境法的实施 [J]. 西南政法大学学报, 2017 (1).

[156] 吴国贵. 环境权的概念、属性：张力维度的探讨 [J]. 法律科学（西北政法学院学报），2003（4）.

[157] 吴真. 环境冲突的协商解决机制分析 [J]. 长白学刊，2014（4）.

[158] 吴真. 生态决策制定中公众参与的前提分析 [J]. 行政与法（吉林省行政学院学报），2006（5）.

[159] 吴真. 公共信托原则视角下的环境权及环境侵权 [J]. 吉林大学社会科学学报，2010（3）.

[160] 吴真. 企业环境责任确立的正当性分析：以可持续发展理念为视角 [J]. 当代法学，2007（5）.

[161] 魏健馨，刘丽. 社会经济权利之宪法解读 [J]. 南开学报（哲学社会科学版），2011（3）.

[162] 汪劲. 中国环境执法的制约性因素及对策 [J]. 世界环境，2010（2）.

[163] 汪劲. 环境影响评价程序之公众参与问题研究：兼论我国《环境影响评价法》相关规定的施行 [J]. 法学评论，2004（2）.

[164] 汪劲. 新《环保法》公众参与规定的理解与适用 [J]. 环境保护，2014（23）.

[165] 徐祥民. 环境权论：人权发展历史分期的视角 [J]. 中国社会科学，2004（4）.

[166] 徐祥民. 地方政府环境质量责任的法理与制度完善 [J]. 现代法学，2019（3）.

[167] 徐祥民，朱雯. 环境利益的本质特征 [J]. 法学论坛，2014（6）.

[168] 熊勇先. 论生活垃圾分类治理中的公众参与权 [J]. 河南生活科学，2020（1）.

[169] 徐以祥. 公众参与权利的二元性区分：以环境行政公众参与法律规范为分析对象 [J]. 中南大学学报（社会科学版），2018（2）.

[170] 徐以祥. 环境权利理论、环境义务理论及其融合 [J]. 甘肃政法学院学报，2015（2）.

[171] 熊光清. 多中心协同治理模式须结合中国国情 [J]. 领导科学，2018（27）.

[172] 熊光清. 治理理论在中国的发展与创新 [J]. 江苏行政学院学报，2018

(3).

[173]许晓明. 环境领域中公众参与行为的经济分析[J]. 中国人口·资源与环境, 2004(1).

[174]俞可平. 中国的治理改革(1978—2018)[J]. 武汉大学学报(哲学社会科学版), 2018(3).

[175]杨登峰. 从合理原则走向统一的比例原则[J]. 中国法学, 2016(3).

[176]余晓泓. 日本环境管理中的公众参与机制[J]. 现代日本经济, 2002(6).

[177]严厚福. 公开与不公开之间: 我国公众环境知情权和政府环境信息管理权的冲突与平衡[J]. 上海大学学报(社会科学版), 2017(2).

[178]杨华国. 论环境治理中的公众监督: 基于新范式的分析[J]. 环境保护, 2020(2).

[179]周珂. 我国生态环境法制建设分析[J]. 中国人民大学学报, 2000(6).

[180]周珂, 史一舒. 环境污染第三方治理法律责任的制度建构[J]. 河南财经政法大学学报, 2015(6).

[181]周珂, 王小龙. 环境影响评价制度中的公众参与[J]. 甘肃政法学院学报, 2004(3).

[182]周昌发. 论环境法对利益冲突的平衡[J]. 云南社会科学, 2009(3).

[183]张旭东. 环境民事公私益诉讼并行审理的困境与出路[J]. 中国法学, 2018(5).

[184]张梓太. 公众参与与环境保护法[J]. 郑州大学学报(哲学社会科学版), 2002(2).

[185]张红杰, 徐祥民, 凌欣. 政府环境责任论纲[J]. 郑州大学学报(哲学社会科学版), 2017(3).

[186]张军. 环境利益与经济利益刍议[J]. 中国人口·资源与环境, 2014(增刊1).

[187]张式军, 徐东. 新《环境保护法》实施中公众参与制度的困境与突破[J]. 中国高校社会科学, 2016(5).

[188]张文彬, 李国平. 环境保护与经济发展的利益冲突分析: 基于各级政府博弈视角[J]. 中国经济问题, 2014(6).

[189] 赵惊涛. 论生态法律意识 [J]. 社会科学战线, 2003 (6).

[190] 赵惊涛. 生态安全与法律秩序 [J]. 当代法学, 2004 (3).

[191] 赵惊涛. 绿色壁垒下我国环境法制的现实选择 [J]. 当代法学, 2002 (9).

[192] 赵惊涛, 丁亮. 环境执法司法监督的困境与出路 [J]. 环境保护, 2014 (21).

[193] 赵惊涛. 论发展循环经济的法律保障 [J]. 法学杂志, 2006 (5).

[194] 赵惊涛. 科学发展观与生态法制建设 [J]. 当代法学, 2005 (5).

[195] 赵惊涛, 张辰. 排污许可制度下的企业环境责任 [J]. 吉林大学社会科学学报, 2017 (5).

[196] 赵惊涛. 协商解决环境纠纷机制的选择 [J]. 吉林大学社会科学学报, 2015 (3).

[197] 竺效. 论公众参与基本原则入环境基本法 [J]. 法学, 2012 (12).

[198] 竺效, 丁霖. 绿色发展理念与环境立法创新 [J]. 法治与社会发展, 2016 (2).

[199] 竺效. 论公众参与基本原则入环境基本法 [J]. 法学, 2012 (12).

[200] 朱晓勤. 生态环境修复责任制度探析 [J]. 吉林大学社会科学学报, 2017 (5).

[201] 朱晓勤. 我国能效标识制度: 反思与借鉴 [J]. 中国青年政治学院学报, 2008 (1).

[202] 赵孟营. 参与环境治理, 社会组织该当何为: 在政府的管理和指导下加强自身能力建设 [J]. 中国生态文明, 2020 (2).

[203] 朱谦. 困境与出路: 环境法中"三同时"条款如何适用: 基于环保部近年来实施行政处罚案件的思考 [J]. 法治研究, 2014 (11).

[204] 郑永流. 法律判断形成的模式 [J]. 法学研究, 2004 (1).

(三) 学位论文

[205] 李丹. 环境立法的利益分析 [D]. 北京: 中国政法大学, 2007.

[206] 王宏. 我国环境行政公众参与权的规范完善 [D]. 重庆: 西南政法大学, 2018.

[207] 卓光俊. 我国环境保护中的公众参与制度研究 [D]. 重庆: 重庆大学, 2012.

[208] 杜辉. 环境治理的制度逻辑与模式转变 [D]. 重庆: 重庆大学, 2012.

[209] 付建. 城市规划中的公众参与权研究 [D]. 长春: 吉林大学, 2013.

二、外文期刊

[210] Ayers J. Resolving the Adaptation Paradox: Exploring the Potential for Deliberative Adaptation Policy-Making in Bangladesh [J]. Global Environmental Politics, 2011, 69.

[211] Michael Burger. Environmental Law/Environmental Literature [J]. Ecology Law Quarterly, 2013, 39.

[212] Bickerstaff K, Tolley R, Walker G. Transport Planning and Participation: The Rhetoric and Realities of Public Involvement [J]. Journal of Transport Geography, 2002, 67.

[213] Davies J. Clarence. Environmental ADR and Public Participation [J]. Valparaiso University Law Review, 1999, 389.

[214] Daly Paul. The Scope and Meaning of Reasonableness Review [J]. Alberta Law Review, 2015, 799.

[215] Elaster J. The Cement of Society. A Study of Social Order [M]. Cambridge: Cambridge University Press, 1989.

[216] French, Barbara, Stewart J. Organizational Development in a Law Enforcement Environment [J]. FBI Law Enforcement Bulletin, 2001, 14.

[217] Fluker Shaun. The Right to Public Participation in Resources and Environmental Decision-Making in Alberta [J]. Alberta Law Review, 2015, 596.

[218] Heinzerling Lisa. Environment, Justice, and Transparency: One Year In, a Reinvigorated Environmental Protection Agency [J]. New York University Environmental Law Journal, 2011, 8.

[219] Hsu Shiling. Environmental Law Without Congress [J]. Journal of Land Use & Environmental Law, 2014, 15.

[220] Hakala E. Cooperation for the enhancement of environmental citizenship in the context of securitization: the case of an OSCE project in Serbia. [J]. Journal of Civil Society, 2012, 391.

[221] Kaswan Alice. Environmental Justice and Environmental Law [J]. Fordham Environmental Law Review, 2012, 149.

[222] Luyet V, Schlaepfer R, Parlange M B, et al. A Framework to Implement Stakeholder Participation in Environmental Projects [J]. Journal of Environmental Management, 2012, 215.

[223] Mitchell R K, Agle B R, Wood D J. Toward a Theory of Stakeholder Identification and Salience: Defining the Principle of Who and What Really of Counts [J]. Academy of Management Review, 1997, 867.

[224] Robert H. Bates Contra Contractarianism: Some Reflections on the New Institutionalism [J]. Politics and Society, 1988, 394.

[225] Sherry R Arnstein. A Ladder of Citizen Participation [J]. Journal of the American Planning Association, 1969, 216.

[226] Tarlock A Dan. Environmental Law: Then and Now [J]. Washington University Journal of Law & Policy, 2010, 184.

[227] Tomkins Kevin. Police, Law Enforcement and the Environment [J]. Current Issues in Criminal Justice, 2005, 294.